中等职业教育改革创新示范教材

LED显示屏制作项目实训

主 编 董廷山
参 编 陈锡强 曹雪伟 刘 建
主 审 曹 伟

机械工业出版社

本书是中等职业学校LED显示屏制作课程教材。

本书采用项目式教学。基础知识包含LED显示屏应用领域、行业发展、基本组成和分类，系统连线控制方式，控制卡的功能及其应用；基本技能包括LED显示屏单元板的选型、控制卡的选型、电源的选型、外框的选型、电源线制作、排线（数据线）制作、边框制作、屏组装与调试、软件使用、屏字幕显示与变换等。本书主要内容包括LED台灯的制作、室内视屏幕场制作、室外信息显示屏制作、室外多色信息显示屏制作、室外全彩信息显示屏制作共5个项目，每个项目又分为若干个任务。

本书可作为中等职业学校电子技术应用专业、电子与信息技术专业、机电技术应用专业、电气运行与控制专业、工业自动化仪表及应用等相关专业教材，也可以用作LED显示屏制作的初级培训教材。

图书在版编目（CIP）数据

LED显示屏制作项目实训/董廷山主编. —北京：机械工业出版社，2016.7（2024.9重印）

中等职业教育改革创新示范教材

ISBN 978-7-111-53896-7

Ⅰ.①L… Ⅱ.①董… Ⅲ.①LED显示器-中等专业学校-教材 Ⅳ.①TN141

中国版本图书馆CIP数据核字（2016）第113723号

机械工业出版社（北京市百万庄大街22号 邮政编码100037）
策划编辑：张晓媛 责任编辑：张晓媛
责任校对：王 欣 责任印制：李 昂
北京捷迅佳彩印刷有限公司印刷
2024年9月第1版第4次印刷
184mm×260mm · 11印张 · 263千字
标准书号：ISBN 978-7-111-53896-7
定价：29.50元

凡购本书，如有缺页、倒页、脱页，由本社发行部调换

电话服务	网络服务
服务咨询热线：010-88379833	机 工 官 网：www.cmpbook.com
读者购书热线：010-88379649	机 工 官 博：weibo.com/cmp1952
	教育服务网：www.cmpedu.com
封面无防伪标均为盗版	金 书 网：www.golden-book.com

Preface 前言

"LED显示屏制作"课程是一门应用性和理论性都很强的课程，是电子技术应用专业的一门专业课程。该课程主要讲述各种常用LED显示屏的制作方法，引导学生深入理解LED显示屏构成、基本原理和制作方法，并培养学生制作LED显示屏的基本能力。通过该课程的学习，使学生掌握有关LED显示屏制作的技术及其综合应用，如材料的选择、元器件的测试、功能卡的使用、导线的布置、常见故障的排除等。通过实践训练，能够将所学知识点与实际工作需求融合，提高LED显示屏制作能力，使学生适应当前半导体发光器件的应用新趋势。

本书以完成LED显示屏制作为主线，将LED显示屏制作基础知识和基本技能融入到各个工作任务中，体现了以能力为本位的现代职业教育理念，符合"做中学、做中教"的要求。

本书理论知识以够用为度，文字少而精、浅显易懂，配有图片。

本书采用项目化模式编写，以项目为载体，涵盖了LED显示屏制作的基础理论与基本技能，主要项目包括LED台灯的制作、室内视屏幕场制作、室外信息显示屏制作、室外多色信息显示屏制作、室外全彩信息显示屏制作，并且每个项目又分为若干个任务。每个项目都配有项目考核与验收环节，用来巩固所学的内容。

本书学时分配建议见下表，仅供任课教师参考。

序号	项目内容	学时分配			
		合计	讲授	实训	复习考核
1	LED台灯的制作	16	6	8	2
2	室内视屏幕场制作	18	6	10	2
3	室外信息显示屏制作	18	6	10	2
4	室外多色信息显示屏制作	18	6	10	2
5	室外全彩信息显示屏制作	20	8	10	2
合计		90	32	48	10

在每个项目中，给出了项目考核评价标准，任课教师在教学过程中可以参考使用，对学生进行项目教学考核，或用于学生间的互评以及企业工程技术人员评价。编者建议，通过对每个项目的考核，以及综合评价，评定学生学期或学年成绩。

本书由大连电子学校董廷山担任主编，大连电子行业工程师、项目经理曹伟担任主审。参加编写的人员及分工如下：陈锡强编写项目1；董廷山编写项目2和项目3，并对全书进行了统稿；曹雪伟编写项目4；刘建编写项目5。

在本书编写过程中，得到了大连英诺智联科技有限公司总经理尹琳、项目经理关丽娜、工程师王志伟、姜明扬等企业工程技术人员的鼎力支持，在此表示深深的感谢！

由于编者水平有限，书中错误与疏漏之处在所难免，希望使用本书的广大教师和学生对教材中的问题提出宝贵意见和建议，以便进一步完善本书。

编　者

Contents

目 录

项目 1　LED 台灯的制作

1. 掌握 LED 台灯的封装形式、主要参数、基本特点及其分类。
2. 了解 LED 显示屏光电转换特性、性能比较及驱动器方案选择。

[技能目标]

1. 正确使用万用表测试 LED 器件、学会 LED 伏安特性的测试。
2. 完成 LED 电光转换特性测试、高亮度 LED 与普通 LED 性能比较。
3. 学会 LED 台灯和传统灯具的性能比较，完成 LED 台灯制作。

任务 1　认识 LED 产品

1.1.1　常见的 LED 产品

LED 作为一种新的产品，新的照明方式和一个新兴的行业，拥有广阔的发展前景和巨大的商机。LED 产品类别众多，有 LED 封装器件、LED 显示屏、LED 背光源、LED 室内照明、景观照明、特征照明产品，有 LED 交通信号标志产品，LED 汽车灯饰产品及 LED 广告、标志、指标产品等。图 1-1 给出了一些常见的 LED 产品示例。

1.1.2　常见 LED 器件形式

(1) 单体 LED

单体 LED 多用于户外显示屏，一般由单个 LED 晶片、具有聚光作用的反光环、金属阳极和阴极构成。在制作工艺上，首先是把晶粒封装成单个的发光二极管，称为单灯。用具有透光、聚光能力的环氧树脂做外壳，如图 1-2 所示。LED 显示屏中的每一个可被单独控制的发光单元称为像素，单体 LED 可用一个或多个不同颜色的单灯构成一个基本像素，可获得较高的亮度。

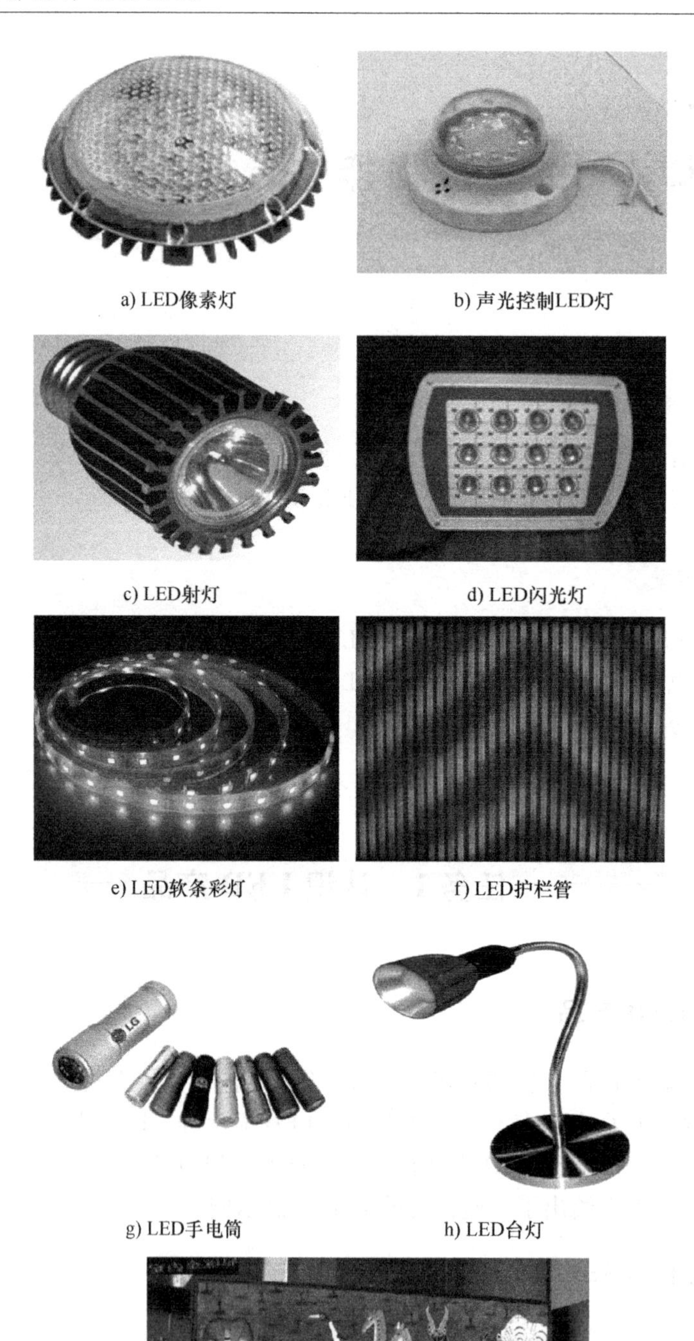

a) LED像素灯　b) 声光控制LED灯

c) LED射灯　d) LED闪光灯

e) LED软条彩灯　f) LED护栏管

g) LED手电筒　h) LED台灯

i) 室内全彩LED显示屏

图1-1　常见的LED产品

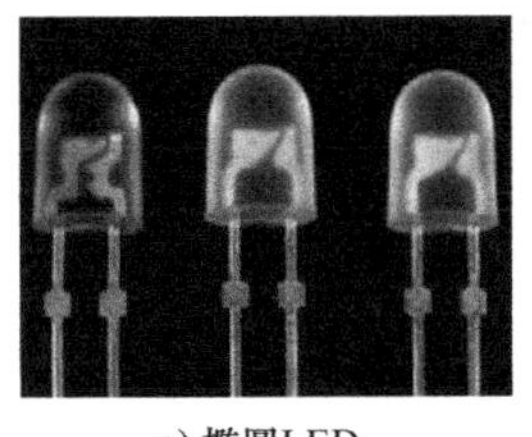
a) 椭圆LED

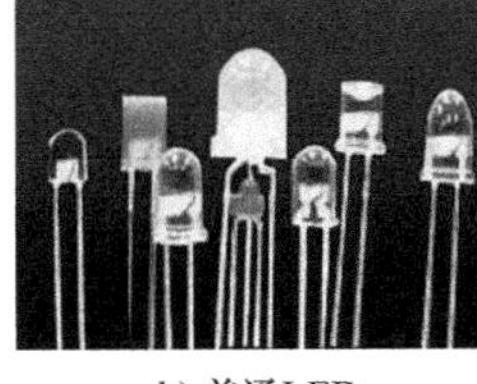
b) 普通LED

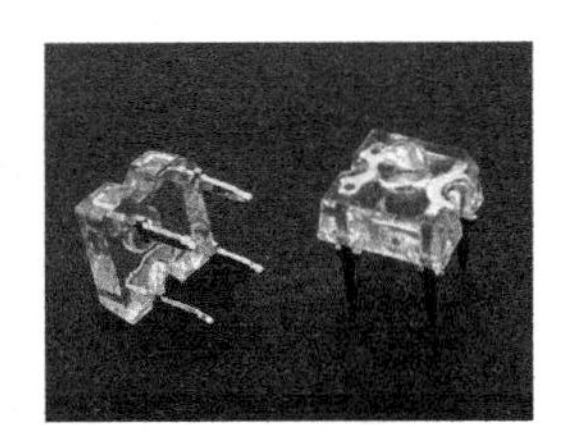
c) 食人鱼LED

图1-2 单体LED

(2) 贴片式 (SMD) LED

贴片式LED适用于户内、半户外全彩显示屏。红绿双基色再加上蓝基色，三种基色就构成全彩色。像素发光明暗变化的程度称为灰度。通过不同灰度的变化，实现最优化的配色方式，再现全彩显示技术的颜色。LED采用贴焊形式封装，可实现单点维护。贴片式LED如图1-3所示。

a)全彩LED

b)白光LED

图1-3 贴片式LED

(3) LED点阵模块

LED点阵模块多用于户内显示屏，通常有若干个LED晶片构成发光矩阵，然后用环氧树脂封装于塑料壳内，适合于行、列扫描驱动，可构成高密度的显示屏。单位面积内像素的数量称为像素密度，点间距是从两两像素间的距离来反映像素密度的。点间距越小，像素密度越高，信息容量越多，适合观看的距离越近；反之，适合观看的距离越远。LED点阵模块如图1-4所示。

(4) LED数码管

LED数码管是由多个发光二极管封在一起组成"8"字形的器件，根据LED的接法不同分为共阴极（负极）和共阳极（正极）两类。LED数码管常用段数一般为7段，有的另加一个小数点，能显示从0~9的10个数字，广泛用于仪表、时钟、车站、家电等场合。LED数码管如图1-5所示。

(5) LED像素管

LED像素管以其稳定的性能和独特的结构，作为一个小小的发光整体，可以任意组合成多种电子产品，如LED显示屏、LED交通灯倒计时、LED限速标志、LED雨棚灯、LED装饰灯、LED灯具等。

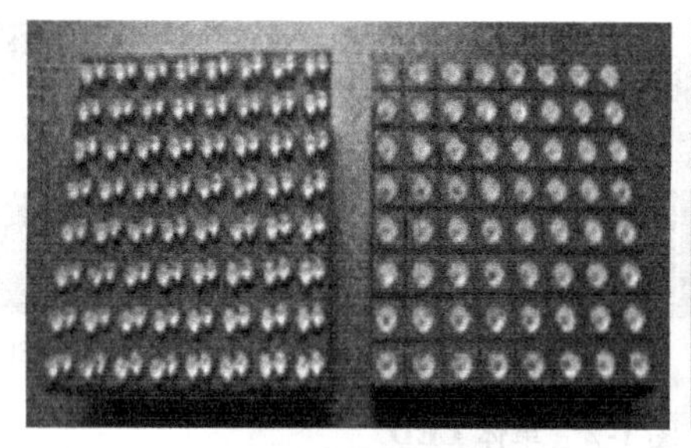

a)半户外点阵模块

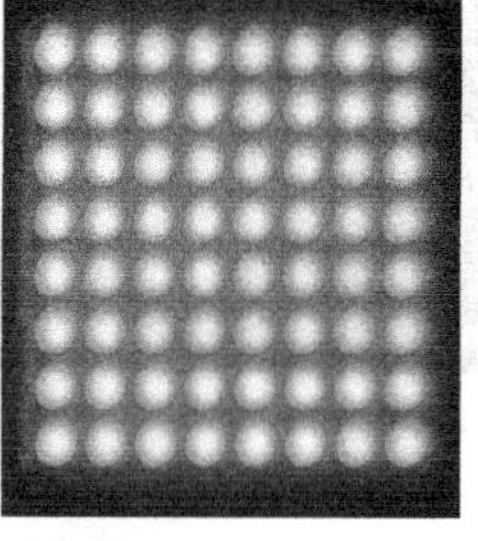

b)LED室内点阵模块

c)单色LED点阵模块

图1-4　LED点阵模块

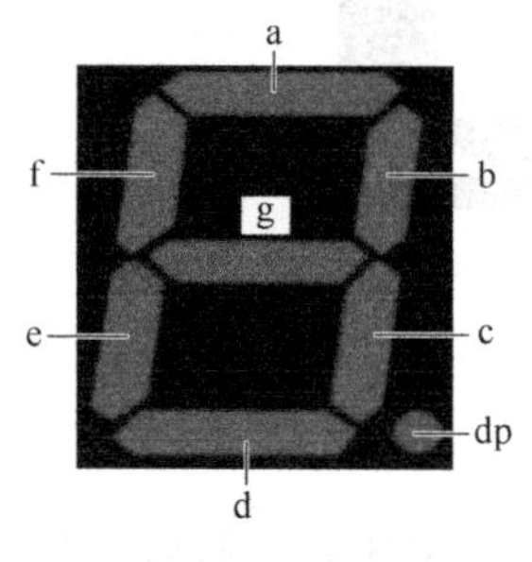

a)"8"字形数码管

b)3位数码管

c)管数字点阵模块

图1-5　LED数码管

为提高亮度，增加视距，将两只以上甚至数十只LED封装成一只集束管，作为一个像素。这种LED集束管主要用于制作户外屏，又称为像素管。LED像素管如图1-6所示。

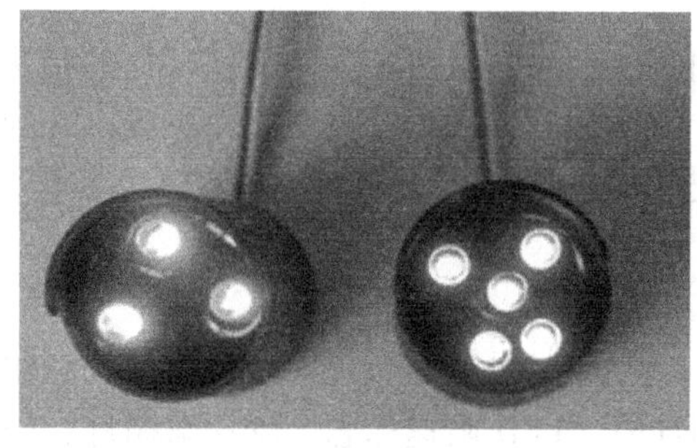

a)圆形像素灯

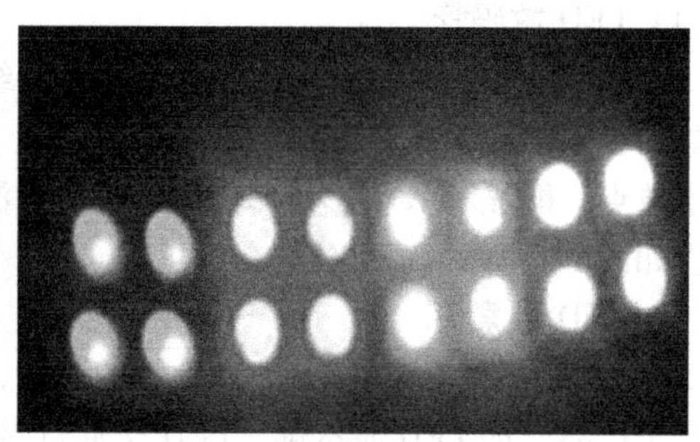

b)方形像素灯

图1-6　LED像素管

任务2 项目任务书

1.2.1 LED台灯制作任务

目前市场上的台灯按其种类可分为3种：一种是普通的白炽台灯，一种是卤素台灯、另一种是荧光台灯。

LED台灯具有以下优点：

1）它是照明领域的一次空前革命。

2）采用特殊工艺，高光效低衰减。

3）直流供电，无频闪，无电磁辐射。

4）绿色环保，高效节能。

5）固体光源，抗机械振动。

6）寿命长，是传统光源的几十倍。

7）光源方向性好，按需照明。

8）照度充足，满足所需照明需求。

项目任务书如表1-1所示。

表1-1 项目任务书

序号	内容
1	通过实训掌握焊接知识与焊接技巧
2	熟悉LED台灯各部分组成及其作用
3	在教师指导下完成LED驱动电路板的制作
4	在教师指导下完成LED灯头的制作
5	在教师指导下完成LED灯具的组装

1.2.2 LED台灯制作器材准备

实训器材：请按照表1-2准备LED台灯制作器材。

表1-2 LED台灯制作器材

序号	名称	型号与规格	数量
1	电烙铁	35W	1
2	其他焊接工具	焊锡丝、烙铁架等	适量
3	万用表	FM-30或其他数字表	1
4	二极管	1N4007	4
5	电阻	1kΩ	1
6	电阻	150kΩ	1
7	电阻（大功率）	2Ω	1

（续）

序　号	名　称	型号与规格	数　量
8	电阻（大功率）	5.1Ω	1
9	涤纶电容	2.2μF/400V	1
10	红色发光二极管	普通	1
11	按钮开关	小型	1
12	高亮度发光二极管	白光	30
13	多股细导线	黑/红/蓝	各1m
14	电池	可充电电池、1.5V	2

任务3　信息收集

1.3.1　LED器件的识别

（1）实训目的

1）认识LED的外形特征。

2）识别普通LED、贴片LED的极性。

3）初步学会识别LED器件。

（2）实训器材

按表1-3所示LED器件准备实训器材。

表1-3　LED器件

序　号	类　型	型号与规格	数　量
1	草帽形LED	F5发光二极管	红、绿、蓝各1个或若干个
2	方形LED	2mm×3mm×4mm	红、绿、蓝、黄、白各1个或若干个
3	圆头LED	5mm	红、绿、蓝、白各1个或若干个
4	椭圆LED	5mm	红、粉红、橙、黄各1个或若干个
5	子弹头LED	5mm	白或其他颜色各1个或若干个
6	3528贴片LED	20mA	白或其他颜色各1个或若干个

（3）实训内容与步骤

1）插件式LED外形识别。逐一观察比较，区分不同外观的LED发光二极管，列表写出其名称；将颜色相同的LED进行归类比较，记入列表中。

2）目测法辨别插件式LED、贴片式LED器件正负极。

① 用眼睛来观察发光二极管，可以发现内部的两个电极一大一小。一般来说，电极较小、个头较矮的电极是发光二极管的正极，电极较大的一个是它的负极。

② 根据外形标记区分LED正负极。LED的管脚以较长者为正极，较短者为负极。如管帽上有凸起标志，那么靠近凸起标志的管脚就为正极。俯视贴片式LED，带彩色线的是负极，另一边是正极。有绿色点的贴片式LED，标有绿色点的电极为负极，相对的

为正极。

（4）问题讨论

1）如何从LED的外观辨别其正、负极性?

2）查阅网络相关资料，了解普通LED、贴片LED的电流、电压、亮度、颜色及用途等。

1.3.2 万用表测试LED器件

【器材】φ5mm LED红色、白色各1个，相同型号万用表2台。

【要求】

1）用万用表欧姆档$R\times10$k挡或$R\times100$挡大致判断LED的好坏。首先，将万用表置于$R\times10$k挡或$R\times100$挡，测量LED的正、反向电阻。正常时，LED正向电阻阻值小于50kΩ，反向电阻阻值大于200kΩ或为无穷大，如果正向电阻阻值为0或为∞，反向电阻阻值很小或为0，表明LED已经损坏。

2）变换被测LED，按上述要求操作测量，判断LED的好坏。

3）用2块同型号的万用表检查LED的发光情况，两表法测量LED的接线图如图1-7所示。

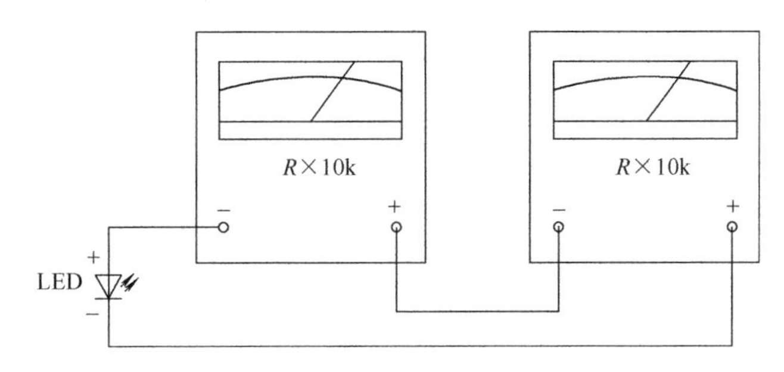

图1-7 两表法测量LED的接线图

用一根导线将其中一块万用表的“+”接线柱与另一块表的“-”接线柱连接。余下的“-”表笔接被测LED的正极，另一根余下的“+”表笔接被测LED的负极。2块万用表均置于$R\times10$挡，观察LED发光情况。正常情况下，接通后LED就能正常发光。若亮度很低，甚至不发光，可将两块万用表均拨至$R\times1$挡，若仍然很暗，甚至不发光，则说明该LED性能不良或损坏。

变换被测LED，重复上述步骤。

1.3.3 LED的特性与发光效率分析

（1）LED的伏安特性

LED的伏安特性是指发光二极管两端所加电压u与通过它的电流i的关系特性，在正向电压小于某一值（叫阈值）时，电流极小，LED不发光。当电压超过某一值后，正向电流随电压迅速增加，LED发光。LED通常具有如图1-8所示的较好的伏安特性。LED的伏安特性具有非线性、整流性质（单向导电性），即外加正偏压表现低电阻，反之为高电阻。

【正向特性】

正向截止区：正向电流很小，LED呈现很大的电阻，不发光。

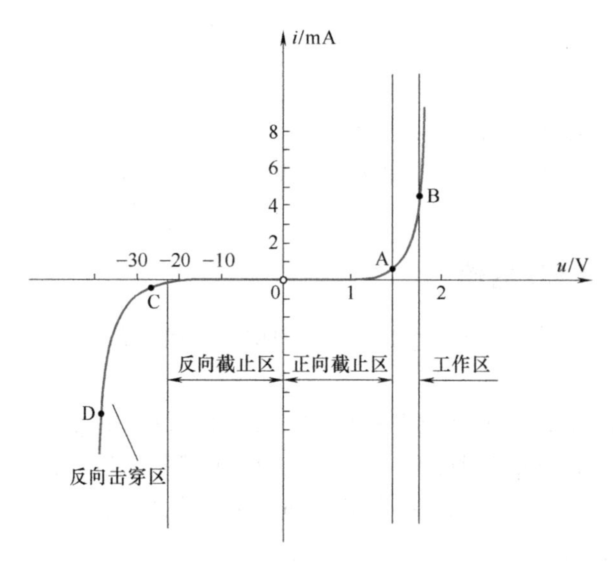

图 1-8　LED 的伏安特性

正向工作区：LED 正向导通并发亮。

【反向特性】

反向截止区：LED 加上反向电压时，呈现很大的电阻。

反向击穿区：当反向电压增加某一数值时，出现击穿现象。

（2）LED 光特性分析

LED 光特性主要包括光通量和发光效率、辐射通量和辐射效率、光强和光强分布特性以及光谱参数等。

从测量的角度看，光通量的测试一般采用积分求法。在测得光通量之后，配合电参数测试仪可以测得 LED 的发光效率。而辐射通量和辐射效率的测试方法类似于光通量和发光效率的测试。光强分布由探测器测试，光谱功率特性可由光谱功率分布表示。

（3）LED 的发光效率分析

影响发光效率的主要因素有内部量子效率与光提取效率。内部量子效率与组件本身特性如组件材料能带、缺陷、杂质及组件外延组成及结构等相关。影响 LED 光提取效率的因素包括 LED 电特性、LED 芯片取光效率与 LED 封装效率。

1.3.4　LED 的主要参数

（1）LED 电参数

1）正向工作电流 I_F：指发光二极管正常发光时的正向电流值。

2）正向工作电压 U_F：指通过发光二极管的正向电流为正向工作电流时，在两极间产生的电压降。

3）反向电压 U_R：被测发光二极管器件通过的反向电流为确定值时，在两极间所产生的电压降。

4）反向电流 I_R：加在发光二极管两端的反向电压为确定值时，流过发光二极管的电流。

（2）LED极限参数

1）允许功耗 P_m：允许加于LED两端正向直流电压与流过它的电流之积的最大值。超过此值，LED发热、损坏。

2）正向极限电流 I_{Fm}：允许加在发光二极管的最大的正向直流电流。

3）反向极限电压 U_{Rm}：允许所加的最大反向电压。超过此值，发光二极管可能被击穿损坏。

4）工作环境温度 t_{opm}：发光二极管可正常工作的环境温度范围。低于或高于此温度范围，发光二极管将不能正常工作，效率大大降低。

（3）LED光学特性参数

1）发光强度：光源在给定方向的单位立体角中发射的光通量定义为光源在该方向的发光强度，简称发强，单位是坎德拉（cd）。

2）光通量：光源在单位时间内发射出来的并被人眼感知的所有辐射能称为发光通量，简称光通量，单位是流明（lm）。

3）发光效率：代表光源将所消耗的电能转换成光的效率，单位是流明每瓦（lm/W）。

4）LED发光角度：LED发光角度是指其光线散射角度，主要靠生产时加散射剂来控制，有以下3类：高指向性（发光角度5°~20°）、标准型（发光角度20°~45°）、散射型（发光角度45°~90°）。

1.3.5　LED伏安特性的测试

（1）实训目的

1）提高LED伏安特性的感性认识，包括正向电流、正向压降、反向电流、反向压降。

2）熟悉LED的工作条件，正确、安全地使用LED。

3）通过电学特性的测量，认识LED的发光机理。

（2）实训器材

按表1-4所示准备LED伏安特性测试实训器材。

表1-4　LED伏安特性测试实训器材

序　号	名　称	型号与规格	数　量
1	可调直流稳压电源	0~24V	1
2	万用表	FM-30或其他	1
3	直流数字毫安表	自选	1
4	直流数字电压表	自选	1
5	可变电阻器	1kΩ/1W	1
6	LED	Φ5，红色	1
7	LED	Φ5，白色	1
8	电阻器	680Ω	1

（3）实训内容与步骤

1）正向特性曲线的测量，正向特性曲线测量电路如图1-9所示。

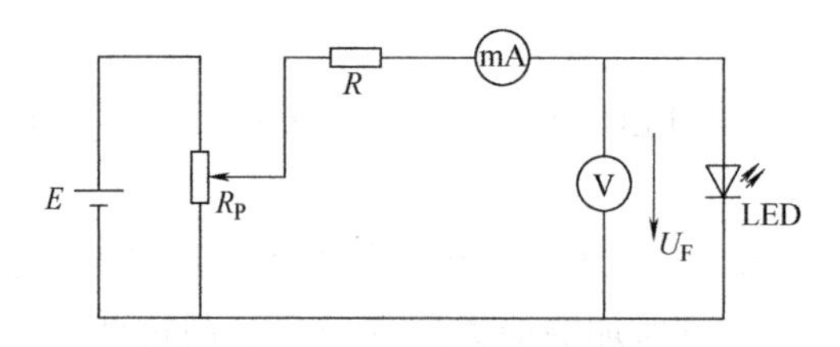

图 1-9　正向特性曲线测量电路

被测器件用红光 LED，利用逐点测量法，调节电位器给 LED 加上不同的电压 U_F，测量不同电压时，流过 LED 的电流 I_F，将结果记入表 1-5 中。

表 1-5　LED 正向特性测量记录

U_F/V											
I_F/mA											

2）反向特性曲线的测量，将电源正负极互换如图 1-10 所示。测量 LED 两端电压 U_F 和对应流过 LED 的电流 I_F，将结果记入表 1-6 中。

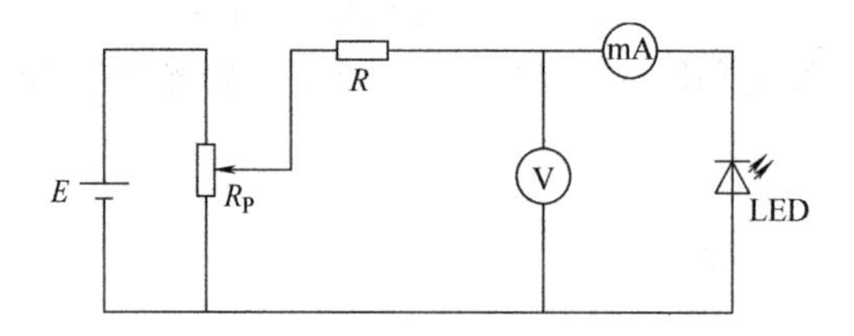

图 1-10　反向特性曲线测量电路

表 1-6　LED 反向特性测量记录

U_F/V											
I_F/mA											

3）根据上述测量的数据，逐点描绘出 LED 的伏安特性曲线。

4）将被测器件换成白光 LED，按上述步骤操作测量，记录数据并绘制曲线。

（4）注意事项

1）发光二极管是非线性元件，为了避免烧坏发光二极管和仪表，对于红光 LED 要求测量时，从电流值为 7mA 所对应的电压开始测量，然后降低电压，测量每一点；对于白光 LED 测量时，要求从电流值为 20mA 所对应的电压开始测量，然后降低电压，测量每一点。

2）正确连接分压电路及选择滑动头的初始位置。

3）正向伏安特性的测量采用电流表外接，反向伏安特性的测量采用电流表内接。

4）正确理解电表量程的变换及有效数字的读取。

（5）问题讨论

1）比较实验中两种 LED 的特性曲线有何区别?

2）LED 正常工作的条件是什么? 应如何确定?

3）定性地分析由于电表的接入所造成的误差。

1.3.6 LED 电光转换特性测试

(1) 实训目的

1) 了解 LED 电流注入功率与辐射功率的关系及其测量方法。

2) 了解 LED 的辐射(发光)效率。

(2) 实训器材

按表 1-7 所示准备 LED 电光转换特性测试实训器材。

表 1-7 LED 电光转换特性测试实训器材

序号	名称	型号与规格	数量
1	光电特性综合实验系统	CSY-10E	1
2	万用表	FM-30 或其他	1
3	直流数字毫安表	自选	1
4	直流数字电压表	自选	1
5	可变电阻器	1kΩ/1W	1
6	LED	Φ5，红色	1

光电特性综合实验系统(CSY-10E)系统配置:

1) 半导体发光器件及驱动电源;

2) 光电探测仪及驱动电源;

3) 光栅单色仪;

4) 光学特性测试仪;

5) 光功率计;

6) 计算机实验软件等。

(3) 测量原理图

光电转换特性是 LED 的光输出功率与注入电流的关系曲线，即 *P-I* 曲线，因为是自发辐射光，所以 *P-I* 曲线的线性范围比较如图 1-11 所示。

LED 的输出光功率是 LED 的重要参数之一，分为直流输出功率和脉冲输出功率。所谓直流输出功率是指在规定的正向直流工作电流下，LED 所发出的光功率。所谓脉冲输出功率是指在规定的幅度、频率和占空比的矩形脉冲电流作用下，LED 发光面所发射出的光功率。实验仪只测量直流输出 *P-I* 特性，测量原理如图 1-12 所示。

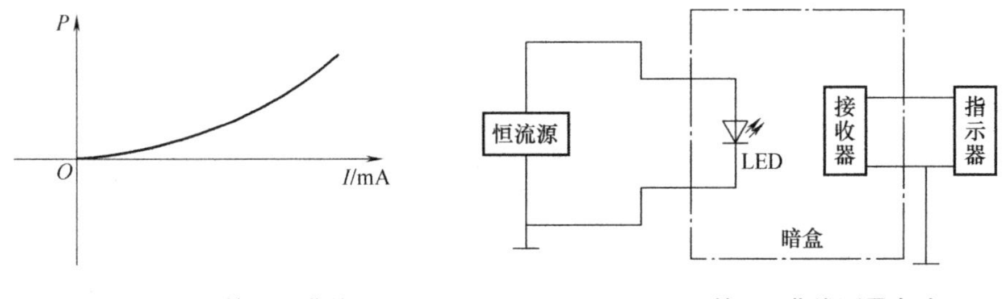

图 1-11 LED 的 *P-I* 曲线　　图 1-12 LED 的 *P-I* 曲线测量电路

测试时，调整 LED 发光面和探测器接收面互相平行且尽量靠近。调节恒流源，使其正向

电流 I_F 连续变化，从光功率计得到对应的光功率。更准确的测量需用到积分球。积分球表面具有超高反射和散射的特性，可以把 LED 发出的所有光辐射能量搜集起来，在位于球壁的探测器上产生均匀的与光（辐射）通量成正比的光（辐射）照度，用合适的探测器将其线性地转换成光电流，再通过定标确定被测量大小。

（4）实训内容与步骤

1）将待测红光 LED 接入胶木模块的插孔（注意正负极不要接反，LED 长脚接模块的“+”孔），模块另一端的插头插到控制面板“LED/LD 驱动”部分的“正向电压”端口，将胶木模块固定在转台导轨上。“电压测量”的正负端分别接到电压表的“20V+”和“-”端，电压表量程选择 20V。“电流测量”的正负端分别接到电流表的“200mA+”和“-”端，电流表量程选择 200mA。将探测器固定在二维支架上，移动导轨上支架，使探测器离转台最近，移动转台导轨上的胶木模块，使 LED 尽量靠近探测器。探测器信号输出的红色插头插入控制面板“3”孔，黑色插头插入“2”孔，“4”“5”之间插入 10kΩ 电阻。

2）打开“LED/LD 驱动”开关，缓慢增加 LED 的正向电流，记下正向电压、电流（记录电流时参考 LED 伏安特性测试的注意事项），填入表 1-8 中。通过计算机读出相应的功率读数，计算机软件会显示得到的数据和图表。

表 1-8 *P-I* 特性测试记录

序号	LED 正向电流/mA	LED 正向电压/V	输出光功率/μW
1			
2			
3			
4			
5			
6			

3）实验结束后，把仪器的旋钮回复至初始位置，关闭电源。

4）根据记录的表格计算 LED 的辐射效率 $\eta = P/IU$。

（5）问题讨论

1）比较辐射效率和发光效率这两个物理概念。

2）分析测量结果光功率和辐射效率偏低的原因。

任务4 硬件选型

1.4.1 LED 驱动器要求、分类及方案选择

LED 因具有环保、寿命长、光电效率高等众多优点，近年来在各行各业的应用得以快速发展，LED 的驱动电路成了产品应用的一大关键因素。理想的 LED 驱动方式是采

用恒压、恒流，采用串联方式级联多个LED，但驱动器的成本增加。其实每种驱动方式均有优缺点，根据LED产品的要求、应用场合，合理选用LED驱动方式，精确设计驱动电源成为关键。

知识链接一 LED驱动器要求及其分类

(1) LED驱动器的概述

LED驱动器是指驱动LED发光或LED模块组件正常工作的电源调整电子器件。

由于LED驱动器在LED应用产品上的重要性和广泛的用户需求，使得作为LED驱动器心脏部件的LED驱动IC成了整个技术环节中的关键元素，促使很多生产商，其中不乏上市公司，以LED驱动作为其主营产品，向下游产业大量供应LED驱动IC。

(2) LED驱动器的要求

驱动LED面临着不少挑战，如正向电压会随着温度、电流的变化而变化，而不同个体、不同批次、不同供应商的LED正向电压也会有差异；另外，LED的“色点”也会随着电流及温度的变化而漂移。LED的排列方式及LED光源的规范也决定着基本的驱动器要求。

总的来说，LED驱动器的要求包括以下几个方面：

1) 对输出功率和效率的要求，这涉及LED正向电压范围、电流及LED排列方式等。

2) 对供电电源的要求。可分为3种方式：AC-DC电源、DC-DC电源和直接采用AC电源驱动。

3) 对功能的要求，其中包括对调光的要求、对调光方式（模拟、数字或多级）的要求、对照明控制的要求等。

4) 其他方面的要求：尺寸的大小，是否适合现代社会的发展方向，集成化小型化，外围元件少而小，使其占印制电路板面积小，以便小尺寸封装；成本的控制、故障处理（保护特性）及是否有完善的保护电路，如低压锁存、过电压保护、过热保护、输出开路或短路保护；要遵从的标准及可靠性等。

除此之外还应该有更多的考虑因素，如机械连接、安装、维修/替换、寿命周期、物流等一些现实使用中会考虑到的问题。

(3) LED驱动器的分类

1) 按驱动方式可以分为两大类：恒流式和恒压式。

2) 按电路结构可以分为6类：常规变压器降压；电子变压器降压；电容降压；电阻降压；RCC降压式开关电源；PWM控制式开关电源。

知识链接二 LED驱动器方案选择

尽管LED电源驱动有多种方案可供选择，但无论采取哪种电源驱动方案，一般都不能直接给LED供电。对于不同的使用情况，在LED电源变换器的技术实现上有不同的方案。

(1) 电阻限流驱动电路

电阻限流驱动电路如图1-13所示，它由限流电阻与发光二极管串联构成。

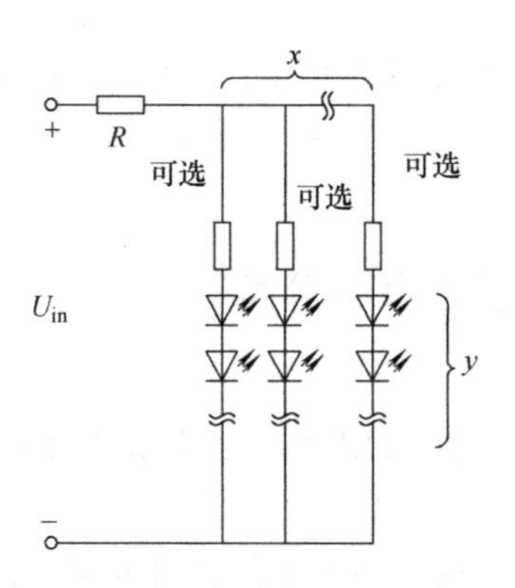

图1-13　电阻限流驱动电路

（2）线性调节器

线性调节器如图1-14所示，分为并联型和串联型。

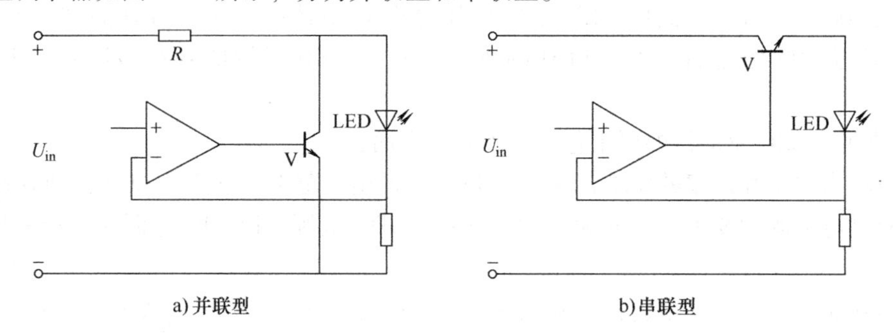

图1-14　线性调节器

（3）开关调节器

开关电源是目前能量变换中效率最高的，可以达到90%以上。Buck（降压型）、Boost（升压型）和Buck-Boost（升降压型）等功率变换器都可以用于LED的驱动，只是为了满足LED驱动，采用检测输出电流而不是检测输出电压进行反馈控制。

（4）PWM调光知识介绍

PWM（脉宽调制）调光方式是一种利用简单的数字脉冲，反复开关白光LED驱动器的调光技术。应用者的系统只需要提供宽、窄不同的数字式脉冲，即可简单地实现改变输出电流，从而调节白光LED的亮度。PWM调光的优点在于能够提供高质量的白光，以及应用简单、效率高。

1.4.2　恒压源供电电阻限流电路分析

根据LED电流、电压变化特点，采用恒压驱动LED是可行的，虽然常用的稳压电路，存在稳压精度不够和稳流能力较差的缺点，但在某些产品的应用上其优势仍然是其他驱动方式无法取代的。

（1）电容降压的原理

电容降压的工作原理并不复杂。它的工作原理是利用电容在一定的交流信号频率下产生的容抗来限制最大工作电流。

采用电容降压时应注意以下几点：

1）根据负载的电流大小和交流电的工作频率选取适当的电容，而不是依据负载的电压和功率。

2）限流电容必须采用无极性电容，绝对不能采用电解电容。而且电容的耐压须在400V以上。最理想的电容为铁壳油浸电容。

3）电容降压不能用于大功率条件，因为不安全。

4）电容降压不适合动态负载条件。

5）同样，电容降压不适合容性和感性负载。

6）当需要直流工作时，尽量采用半波整流，不建议采用桥式整流，而且要满足恒定负载的条件。

（2）电容降压LED驱动电路

电容降压LED驱动电路如图1-15所示，电容降压电路是一种常见的小电流电源电路，由于其具有体积小、成本低、电流相对恒定等优点，也常应用于LED的驱动电路中。

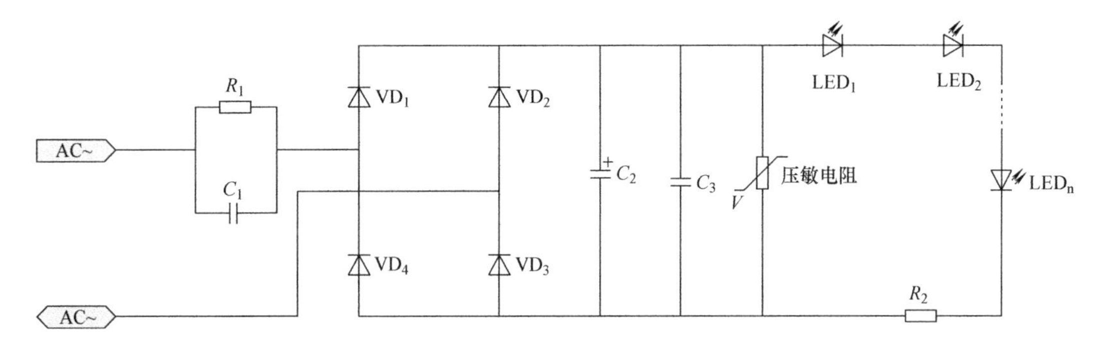

图1-15 电容降压LED驱动电路

1.4.3 LED的联接形式

需要考虑选用什么样的LED驱动器，以及LED作为负载采用的串并联方式，合理的配合设计，才能保证LED正常工作。

（1）LED采用全部串联方式

如图1-16为LED串联方式。

（2）LED采用全部并联方式

如图1-17为LED并联方式。

（3）LED采用混联方式

如图1-18为LED混联方式。

（4）不同联接方式的比较

不同的联接方式具有各自不同的特点，并且对驱动器的要求也不相同，特别是在单个LED发生故障时电路工作的情况、整体发光的可靠性、保证整体LED尽量能够继续工作的能力、减少总体LED的失效率等就显得尤为重要。不同联接方式的比较如表1-9所示。

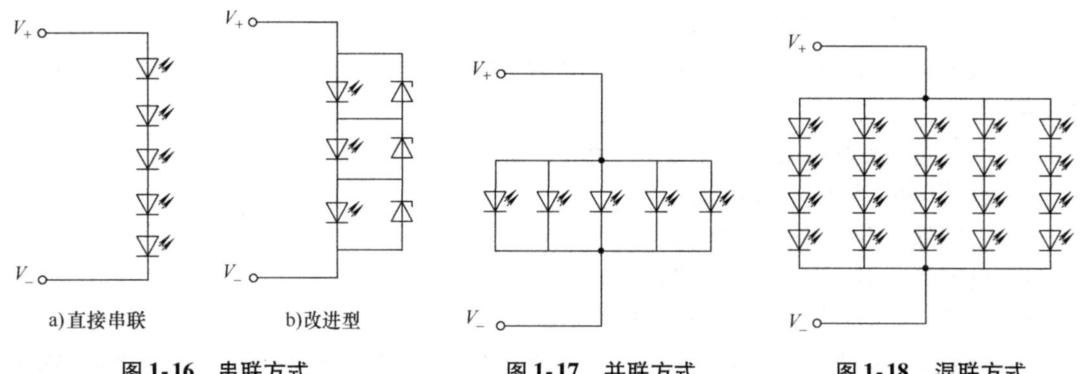

图 1-16　串联方式　　图 1-17　并联方式　　图 1-18　混联方式

表 1-9　不同联接方式的比较

联接方式		优　点	缺　点	应用场合
串联	简单串联	电路简单，连接方便。LED 的电流相同，亮度一致	可靠性不高，驱动器输出电压高，不利于其设计和制造	LCD 的背光光源、工频 LED 交流指示灯、应急灯照明
	带旁路串联	电路较简单，可靠性较高。保证 LED 的电流相同，发光亮度一致	元器件数量增加，体积加大。驱动器输出电压高，设计和制造困难	
并联	简单并联	电路简单，连接方便；驱动电压低	可靠性较高，要考虑 LED 的均流问题	手机等 LCD 显示屏的背光源、LED 手电筒、低压应急照明灯
	独立匹配并联	可靠性高，适用性强，驱动效果好。单个 LED 保护完善	电路复杂，技术要求高，占用体积大，不适用于 LED 数量多的场合	
混联	先并联后串联	可靠性较高，驱动器设计制造方便，总体效率较高，适用范围较广	电路连接较为复杂，并联的单个 LED 或 LED 串之间需要解决均流问题	LED 平面照明、大面积 LCD 背光源、LED 装饰照明灯、交通信号灯、汽车指示灯、局部照明
	先串联后并联			
	交叉阵列	可靠性高，总体的效率较高，应用范围较广	驱动器设计制造较复杂，每组并联的 LED 需要均流	

1.4.4　LED 台灯和传统灯具的性能比较

（1）实训目的

1）熟悉 LED 台灯的驱动方式。

2）熟悉各种传统台灯的优点与缺点。

3）能对两者之间进行比较，得出结论。

（2）实训器材

按表 1-10 准备实训器材。

表 1-10 实训器材

序　　号	名　　称	型号与规格	数　　量
1	LED 台灯	3W	1
2	荧光台灯	11W	1
3	卤素台灯	40W	1

（3）实训内容和步骤

1）LED 台灯和传统灯具的区别参见表 1-11。

表 1-11 LED 台灯和传统灯具的区别

比较项目	LED 台灯	荧光台灯/卤素台灯
效率	光电转换率高，比传统光源省电 80%。寿命长、光效高、免维护，具有可观的经济性与社会效益	光源电能大部分变成热能，造成能源浪费。传统光源寿命短、维护量大，人工费及材料费增加，造成使用成本大大提高
安全	光源工作温度 60℃左右，工作电流为毫安级，不产生火花。灯具温度低，不会引燃易爆气体，没有安全隐患。灯具温度低，玻璃不易结垢雾化，不降低照明效果，不易遇水破裂掉落伤人。光效高、瓦数小，特定场合可改装成 36V 安全电压	白炽灯和卤素灯等传统光源工作温度为 300℃以上，工作电流较大，线路老化后容易产生火花，灯具表面温度高，存在引燃易爆气体的隐患。灯具玻璃易结垢雾化，降低照明效果，高温工作易遇水破碎，掉落伤人。功率大，电流大，电压为 220V，存在安全隐患
稳定	输入电压范围宽：AC90～270V，适应性好。光源亮度恒定，恒压恒流输出，不随电压波动而忽明忽暗，点亮无延时现象，频繁开关对灯具寿命无影响，无频闪减轻了视觉疲劳	电压适应性较差，亮度随电压波动而变化，稳定性较差。开关时光源容易受电流冲击而损坏，开关影响光源寿命，点亮时响应性差有延时现象，且频闪容易造成视觉疲劳
环保	不含汞等有害重金属，有利环保和可持续发展，属于绿色照明产品	多数含有不可回收的污染物质，对环境有害不适合长期使用
维护	光源设计工作寿命 5 万小时，大大高于传统光源，适合长期照明的工作环境，抗振性好免维护，LED 属于固体光源无灯丝，适合在振荡环境中长期使用，灯具表面工作温度低，灯具玻璃不易损易坏	设计寿命白炽灯为 1000～4000h，在高温或振动环境中寿命更短，传统光源和镇流器在振荡环境中易损，维护量大，安全隐患多，灯具表面温度高，灯具玻璃易损坏

2）观察 3 种灯具的外观结构，并进行拆卸，熟悉内部电路结构，画出原理图并分析驱动电路，按要求完成表 1-12 的填写。

表1-12　3种灯具的原理图

比较项目	原　理　图
LED台灯	
荧光台灯	
卤素台灯	

3）检查无误后组装台灯，并通电测试，完成表1-13的测试内容。

表1-13　测试结果表

序　　号	LED台灯	荧光台灯	卤素台灯
亮度			
起始温度			
通电5min后的温度			
开关电源启动的时间			
改变电源电压带来影响			

（4）注意事项

1）在拆卸组装3种台灯时注意安全，断电作业，并按操作规范执行。

2）测量温度时以人手距离灯头1cm为宜，切勿直接触摸，避免烫伤。

3）改变电源电压时请勿改变速度过快，匀速改变一定量值，即可达到效果。

（5）问题讨论

1）3种灯具的驱动方式是否相同，哪种更为复杂？

2）3种灯具的优缺点各是什么？

小结：

1）LED驱动器是指驱动LED发光或LED模块组件正常工作的电源调整电子器件。

2）LED驱动器包括对输出功率效率、供电电源、功能等多方面的要求。

3）常见LED的驱动方式包括恒压式、恒流式和开关电源式。

4）LED的联接方式包括串联、并联和混联。

5）电容降压的驱动电路简单方便，但存在着效率低，稳压能力差，亮度无法达到最佳等缺点。

6）LED台灯与传统灯具在多个方面存在不同，包括安全、效率、稳定、环保、维护。

任务5 项目实施

1.5.1 焊接知识与焊接技巧

电子电路的焊接、组装与调试在电子工程技术中占有重要位置。任何一个电子产品都是由设计—焊接—组装—调试形成的，而焊接是保证电子产品质量和可靠性的最基本环节，调试则是保证电子产品正常工作的最关键环节。

（1）焊接知识

所谓焊接即是利用液态的焊锡与基材接合而达到两种金属化学键合的效果。

（2）焊接技巧

1）焊接操作姿势与卫生。一般在工作台上焊印制板等焊件时，多采用握笔法。焊接时，一般左手拿焊锡，右手拿电烙铁，如图1-19所示。

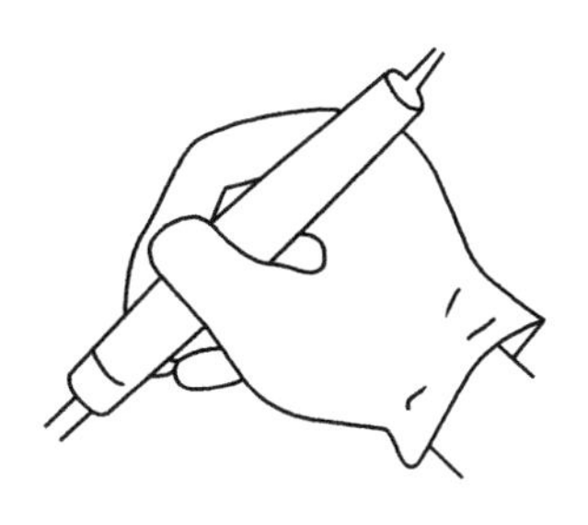

图1-19 焊接操作姿势

2）焊接温度与加热时间。合适的温度对形成良好的焊点很关键。同样的电烙铁，加热不同热容量的焊件时，要想达到同样的焊接温度，可以用控制加热时间来实现。若加热时间不足，形成夹渣（松香）、虚焊。此外，有些元器件也不容许长期加热，否则可能造成元器件损坏。

3）焊接步骤

5步焊接法：对于热容量大的工件，要严格按5步操作法进行焊接。焊接5步法如图1-20所示，这是焊接的基本步骤。

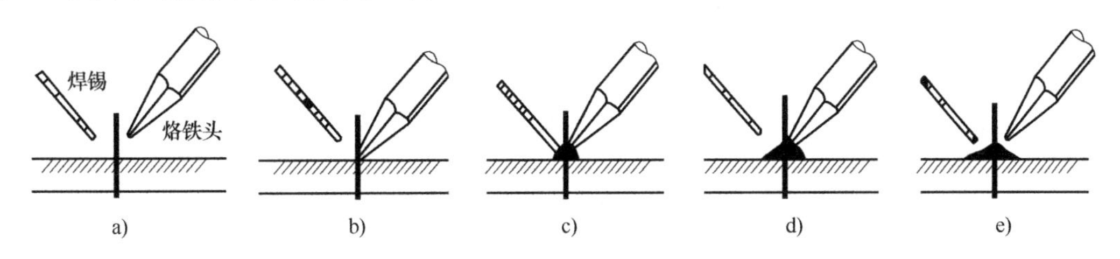

图1-20 焊接步骤（5步焊接法）

【步骤一】准备

【步骤二】放上电烙铁

【步骤三】熔化焊锡

【步骤四】拿开焊锡

【步骤五】拿开电烙铁

3步焊接法：对热容量小的工件。可以按3步操作法进行，这样做可以加快节奏。

【步骤一】准备

【步骤二】放上电烙铁和焊锡

【步骤三】拿开电烙铁和焊锡

4）焊点合格的标准。焊点有足够的机械强度；焊接可靠，保证导电性能；焊点表面整齐、美观。

5）焊接的基本原则。清洁待焊工件表面，选用适当工具，采用正确的加热方法，选用合格的钎料，选择适当的助焊剂，保持合适的温度，控制好加热时间，工件的固定，使用必要辅助工具。

6）焊接的注意事项。焊接印制板，除遵循焊接要领外，以下几点须特别注意：

一般焊接的顺序是：先小后大、先轻后重、先里后外、先低后高、先普通后特殊的次序焊装。即先焊轻小型元器件和较难焊的元器件，后焊大型和较笨重的元器件。先焊分立元器件，后焊集成块。对外联线要最后焊接。如元器件的焊装顺序依次是电阻器、电容器、二极管、晶体管、集成电路、大功率管。

7）产品的结构与功能。充电式 LED 台灯的主要结构有：高亮度白色发光二极管；220V 交流转低压直流电路（电源）；灯罩；灯架；电源开关；电源线；插座；蓄电池。

1.5.2 LED 台灯各组成部分及其功能

各组成部分及其功能如下：

1）高亮度白色发光二极管：它是一种固态的半导体器件，可以直接把电能转化为光能。它的心脏是一个半导体的晶片，晶片的一端附在一个支架上，一端是负极，另一端连接电源的正极，使整个晶片被环氧树脂封装起来。半导体晶片由两部分组成，一部分是 P 型半导体，在它里面空穴占主导地位，另一端是 N 型半导体，在这里主要是电子。但这两种半导体连接起来的时候，它们之间就形成一个“PN 结”。当电流通过导线作用于这个晶片的时候，电子就会被推向 P 区，在 P 区里电子跟空穴复合，然后就会以光子的形式发出能量，这就是 LED 发光的原理。而光的波长决定光的颜色，是由形成 PN 结材料决定的。

2）220V 交流转低压直流电路（电源）：电源是向电子设备提供功率的装置，也称电源供应器，它提供计算机中所有部件所需要的电能。电源功率的大小，电流和电压是否稳定，将直接影响设备的工作性能和使用寿命。

3）灯罩：灯罩不仅仅是罩在灯上为了使光聚集在一起，还可以防止触电，对保护眼睛也有作用，所以每个灯上都会有灯罩。

4）灯架：提供支撑力，承载台灯上面的灯罩与二极管，同时可以歪曲，调节光源的角度，适应不同人的要求，其次它也是电线的输送管道。

5）电源开关：接通电源的作用，使得台灯系统通过电流，能够正常工作。

6）电源线：输送电流到台灯的内部，使台灯处于工作状态。

7）插座：电源插座指用来接市电提供的交流电，是家用电器与可携式小型设备通电可使用的装置。电源插座是有插槽或凹洞的母接头，用来让有棒状或铜板状突出的电源插头插入，以将电力经插头传导到电器。一般插座都设计成非同一规格的插头就无法插入，部分插座上会有棒状突出，搭配插头上的凹洞。

8）蓄电池：蓄电池是电池中的一种，它的作用是能把有限的电能储存起来，在合适的地方使用。

1.5.3 LED驱动电路板的制作

LED驱动电路板的电路原理图如图1-21所示，将该原理图与PCB对应，完成元器件的焊接。

注意事项：

1）涤纶电容耐压要高，最少耐压值选择400V；而且要注意散热。

2）正确焊接，避免出现漏焊、虚焊、错焊等问题，并在组装之前注意检查，看是否有裸露的线头，避免出现短路。

3）该LED台灯采用蓄电池和交流电两种方式供电，也可根据实际情况任选其中一种。

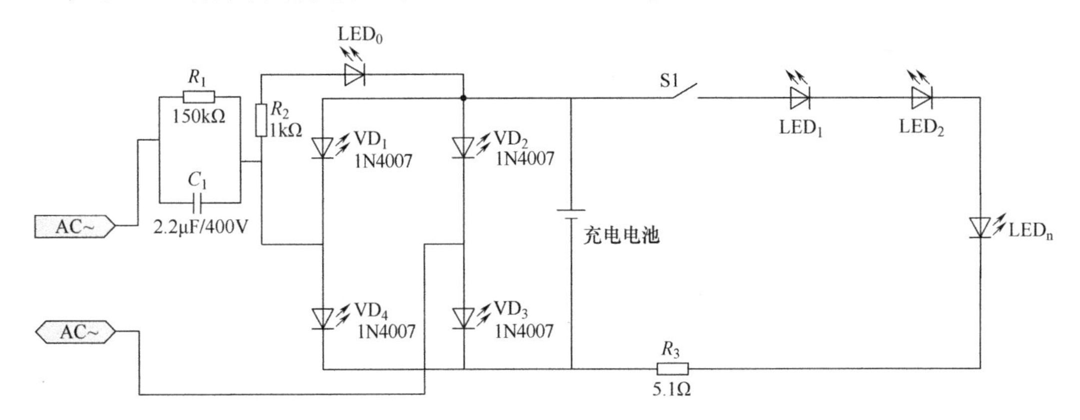

图1-21 LED驱动电路板的制作实训电路

1.5.4 LED灯头的制作

该项目的灯头可自行制作，如图1-22所示，制作方法如前文介绍的混联方式，以亮度适中为宜。

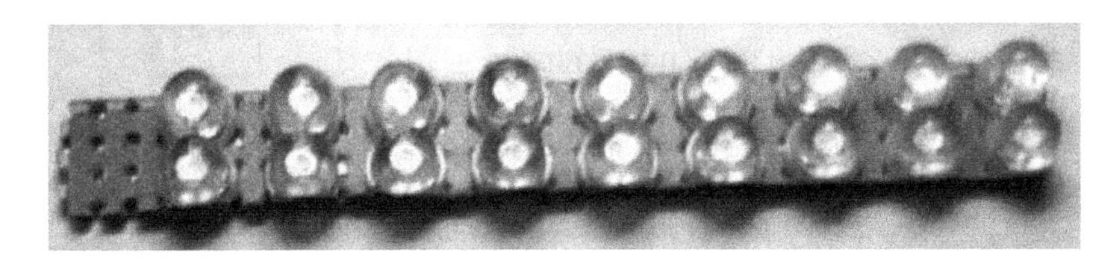

图1-22 自做灯头

1.5.5 LED灯具组装

（1）灯具组装焊接流程

LED灯具内部连线如图1-23所示。

（2）灯具组装后的外观图

灯具组装后的外观如图1-24所示。

（3）问题讨论

1）实训中的驱动电路采用的是什么形式？

2）点亮LED需要的是直流电还是交流电，在这个实训中是如何实现转换的？

图1-23 LED灯具内部连线

图1-24 灯具组装后的外观图

3）定性地分析这种电路的优缺点。

任务6 项目验收与考核

项目1 考核评价表

学期： 班级： 考核日期： 年 月 日

<table>
<tr><td colspan="3">项目名称</td><td>LED台灯的制作</td><td colspan="2">项目承接人</td><td colspan="4"></td></tr>
<tr><td colspan="4">考核内容及分值</td><td>项目分值</td><td>自我评价</td><td>小组评价</td><td>教师评价</td><td>企业评价</td><td>综合评价</td></tr>
<tr><td rowspan="3">专业能力80%</td><td rowspan="2">工作准备的质量评估</td><td>知识准备</td><td>1. 熟悉常见LED产品，认识常见LED器件形式
2. 学会不同类型LED器件的识别
3. 能够用万用表测试不同类型的LED器件
4. 掌握LED的特性与发光效率分析
5. 记住LED的主要参数
6. 学会LED伏安特性的测试方法
7. 在教师指导下，能够完成对LED电光转换特性的测试</td><td>15</td><td></td><td></td><td></td><td></td><td></td></tr>
<tr><td>工作准备</td><td>1. LED台灯制作器材准备和工具、仪表的准备数量是否齐全
2. 辅助材料准备的质量和数量是否适用
3. 工作周围环境布置是否合理、安全</td><td>5</td><td></td><td></td><td></td><td></td><td></td></tr>
<tr><td>工作过程各个环节的质量评估</td><td>硬件选型</td><td>1. 学会分析LED驱动器要求、分类及方案选择
2. 能够对恒压源供电电阻限流电路进行原理分析并会应用
3. 掌握LED的主要联接形式
4. 能够将LED台灯和传统灯具的性能以表格形式进行比较</td><td>10</td><td></td><td></td><td></td><td></td><td></td></tr>
</table>

（续）

<table>
<tr><th colspan="3">项 目 名 称</th><th>LED 台灯的制作</th><th>项目承接人</th><th colspan="5"></th></tr>
<tr><th colspan="4">考核内容及分值</th><th>项目分值</th><th>自我评价</th><th>小组评价</th><th>教师评价</th><th>企业评价</th><th>综合评价</th></tr>
<tr><td rowspan="3">专业能力80%</td><td rowspan="2">工作过程各个环节的质量评估</td><td>硬件安装接线</td><td>1. 熟练掌握焊接知识与焊接技巧，学生通过反复训练完成
2. 熟悉 LED 台灯各部分组成及其作用
3. 学会不同类型 LED 器件的识别
4. 在教师指导下，能够用万用表测试不同类型 LED 器件
5. 学生在教师指导下完成 LED 驱动电路板的制作
6. 在教师指导下完成 LED 灯头的制作
7. 在教师指导下完成 LED 灯具组装</td><td>20</td><td></td><td></td><td></td><td></td><td></td></tr>
<tr><td>整机组装调试与故障排除</td><td>1. 能够完成 LED 台灯制作器材和工具的准备工作
2. 能够按照设计要求制定自己的工作过程
3. 能够用万用表测试不同类型 LED 器件，筛选出合格器件
4. 能够正确完成 LED 驱动电路板的制作，并检验合格
5. 能够正确完成 LED 灯头的制作，并检验合格
6. 能够正确完成 LED 灯具组装，实现其功能，并检验合格
7. 能根据 LED 台灯故障进行常见故障检查与排除
8. 能排除 LED 台灯外围器件和接线的常见故障
9. 提出新问题及其解决方案</td><td>20</td><td></td><td></td><td></td><td></td><td></td></tr>
<tr><td>工作成果的质量评估</td><td colspan="2">1. 不同类型 LED 器件测试是否掌握
2. LED 驱动电路板的制作质量是否合格
3. LED 灯头的制作质量是否合格，外观是否美观
4. LED 灯具的组装质量是否合格，功能能否实现，外观是否美观
5. 能否对 LED 台灯进行常见故障检查与排除
6. 环境是否整洁干净
7. 其他物品是否在工作中遭到损坏</td><td>10</td><td></td><td></td><td></td><td></td><td></td></tr>
<tr><td rowspan="3">综合能力20%</td><td>信息收集能力</td><td colspan="2">基础理论、收集和处理信息的能力；独立分析和思考问题的能力</td><td>5</td><td></td><td></td><td></td><td></td><td></td></tr>
<tr><td>交流沟通能力</td><td colspan="2">元器件的选择、测试、组装、调试总结；常见故障检查与排除</td><td>5</td><td></td><td></td><td></td><td></td><td></td></tr>
<tr><td>分析问题能力</td><td colspan="2">元器件的选择、测试、组装、调试基本思路、基本方法研讨；工作过程中常见故障检查与排除</td><td>5</td><td></td><td></td><td></td><td></td><td></td></tr>
</table>

（续）

项目名称		LED 台灯的制作	项目承接人						
考核内容及分值			项目分值	自我评价	小组评价	教师评价	企业评价	综合评价
综合能力 20%	团结协作能力	小组中分工协作、团结合作能力	5					
总　评			100					

承接人签字	小组长签字	教师签字	企业代表签字

项目验收后，即可交付用户。

项目小结

1. 常见 LED 器件形式有：单体 LED、贴片式（SMD）LED、LED 点阵模块、LED 数码管、LED 像素管。

2. LED 光特性主要包括：光通量和发光效率、辐射通量和辐射效率、光强和光强分布特性以及光谱参数等。

3. LED 电参数包括：正向工作电流 I_F、正向工作电压 U_F、反向电压 U_R 和反向电流 I_R。

4. LED 极限参数包括：允许功耗 P_m、正向极限电流 I_{Fm}、反向极限电压 U_{Rm} 和工作环境温度 t_{opm}。

5. 5 步焊接法：

对于热容量大的工件，要严格按 5 步操作法进行焊接。5 步焊接法的基本步骤是：准备、放上电烙铁、熔化焊锡、拿开焊锡丝、拿开电烙铁。

6. 焊点合格的标准：

①焊点有足够的机械强度。②焊接可靠，保证导电性能。③焊点表面整齐、美观。

7. 一般焊接的顺序是：按先小后大、先轻后重、先里后外、先低后高、先普通后特殊的次序焊装。即先焊轻小型元器件和较难焊的元器件，后焊大型和较笨重的元器件。先焊分立元件，后焊集成块。对外联线要最后焊接。

项目习题库

1. 目前市场上的台灯按其种类可分为哪 3 种？
2. LED 台灯具有哪些优点？
3. 常见 LED 器件形式有哪些？
4. LED 像素管以其稳定的性能和独特的结构可以有哪些应用？
5. 如何根据外形标记区分 LED 正负极？
6. 如何用万用表欧姆挡大致判断 LED 的好坏？
7. 如何用 2 块同型号的万用表检查 LED 的发光情况？
8. LED 的伏安特性是指什么？它有什么特性？并作图说明之。

9. LED 光特性主要包括哪些？
10. LED 电参数有哪些？
11. LED 极限参数有哪些？
12. LED 光学特性参数有哪些？
13. 进行发光二极管测试时应注意哪些事项？
14. LED 的光电转换特性是指什么？并作图说明之。
15. LED 的输出光功率是什么？
16. LED 驱动器有哪些要求？LED 驱动器有哪些分类？
17. 做出 LED 电源驱动方案之一：电阻限流电路原理图。
18. 采用电容降压时应注意哪些内容？
19. 做出电容降压 LED 驱动电路原理图。
20. 做出 LED 采用混联方式结构示意图。
21. 比较串联、并联、混联 3 种不同联接方式各自不同的特点。
22. 叙述 5 步焊接法内容和 3 步焊接法内容。
23. 焊接的基本原则有哪些？
24. 简述焊接的注意事项。
25. LED 台灯驱动电路板的制作应注意哪些事项？

项目 2　室内视屏幕场制作

[知识目标]

1. 掌握 F5 室内单色 LED 显示屏的分类、基本组成及其构成框图。
2. 了解 F5 室内单色 LED 显示屏的应用。

[技能目标]

1. 正确选择 LED 显示屏单元板、控制卡、独立电源及其信号连接线。
2. 实现 F5 室内单色 LED 显示屏组装与调试，并排除常见故障。
3. 利用控制卡实现 F5 室内单色 LED 条屏字幕的变换。

任务 1　认识 LED 电子显示屏

2.1.1　LED 显示屏应用图例

在人们日常生活中，哪些地方用到了 LED 显示屏？将图 2-1 与实际应用相结合，看看还有哪些地方用到了 LED 显示屏。

a) 文化广场

b) 体育场馆

图 2-1　LED 显示屏应用示意图

c) 金融机构（银行/证券）

d) 政府机关与学校

e) 机场、车站、码头

f) 交通指导

g) 繁华商业街/广告传媒

h) 演艺/租赁

图2-1 LED显示屏应用示意图（续）

2.1.2 LED显示屏简介

进入20世纪80年代，LED在发光波长范围和性能方面大大提高，并开始形成平板显示产品即LED显示屏，80年代后期在全球迅速发展起来的新型信息显示媒体，利用发光二极管构成的点阵模块或像素单元组成显示屏幕，以可靠性高、使用寿命长、环境适应能力强、价格性能比高、使用成本低等特点，在短短的十几年中，迅速成长为平板显示的主流产品，在信息显示领域得到了广泛的应用。

LED显示屏发展经历了3个阶段：

1990年以前是LED显示屏的成长形成时期。一方面，受LED材料器件的限制，LED显示屏的应用领域没有广泛展开，另一方面，显示屏控制技术基本上是通信控制方式，客观上影响了显示效果。这一时期的LED显示屏在国外应用较广，国内很少，产品以红、绿双基色为主，控制方式为通信控制，灰度等级为单点4级调灰，产品的成本比较高。

1990~1995年，这一阶段是LED显示屏迅速发展的时期。进入20世纪90年代，全球信息产业高速增长，信息技术各个领域不断突破，LED显示屏在LED材料和控制技术方面也不断出现新的成果。蓝色LED芯片研制成功，全彩色LED显示屏进入市场；电子计算机及微电子领域的技术发展，在显示屏控制技术领域出现了视频控制技术，显示屏灰度等级实现16级灰度和64级灰度调灰，显示屏的动态显示效果大大提高。这一阶段，LED显示屏在我国发展速度非常迅速，从初期的几家企业、年产值几千万元发展到几十家企业、年产值几亿元，产品应用领域涉及金融证券、体育、机场、铁路、车站、公路交通、商业广告、邮电电信等诸多领域，特别是1993年证券股票业的发展更引发了LED显示屏市场的大幅增长。LED显示屏在平板显示领域的主流产品局面基本形成，LED显示屏产业成为新兴的高科技产业。

自1995年以来，LED显示屏的发展进入一个总体稳步提高，产业格局调整完善的时期。同时，LED显示屏产业内部竞争加剧，形成了许多中小企业，产品价格大幅回落，应用领域更为广阔，产品在质量、标准化等方面出现了一系列新的问题，有关部门对LED显示屏的发展予以重视并进行了适当的规范和引导，目前这方面的工作正在逐步深化。我国的LED显示屏产业经过几年的发展，基本形成了一批具有一定规模的骨干企业。在国内市场上，国产LED显示屏的市场占有率近100%，国外同类产品基本没有市场。

2.1.3 LED显示屏应用领域

信息化社会的到来，促进了现代信息显示技术的发展，形成了CRT（阴极射线管）、LCD（液晶显示器）、PDP（等离子显示板）、LED（发光二极管）、EL（冷光技术，指EL屏幕）、DLP（数字光处理）等系列的信息显示产品，纵观各类显示产品，各有其所长和适宜的市场应用需求。随着LED材料技术和工艺的提升，LED显示屏以突出的优势成为平板显示的主流产品之一，并在社会经济的许多领域得到广泛应用，主要包括：

① 证券交易、金融信息显示。这一领域的LED显示屏占到了前几年国内LED显示屏需求量的50%以上，目前仍有较大的需求。

② 机场航班动态信息显示。民航机场建设对住处显示的要求非常明确，LED显示屏是航班住处显示系统FIDS（Flight Information Display System）的首选产品。

③ 港口、车站旅客引导信息显示。以 LED 显示屏为主体的信息系统和广播系统、列车到发揭示系统、票务信息系统等共同构成客运枢纽的自动化系统，成为国内火车站和港口技术发展和改造的重要内容。

④ 体育场馆信息显示。LED 显示屏作为比赛信息显示和比赛实况播放的的主要手段已取代了传统的灯光及 CRT 显示屏，在现代化体育场馆成为必备的比赛设施。

⑤ 道路交通信息显示。随着智能效通系统（ITS）的兴起，在城市交通、高速公路等领域，LED 显示屏作为可变情报板、限速标志等，得到普遍采用。

⑥ 调度指挥中心信息显示。电力调度、车辆动态跟踪、车辆调度管理等，也在逐步采用高密度的 LED 显示屏。

⑦ 邮政、电信、商场购物中心等服务领域的业务宣传及信息显示。

⑧ 广告媒体新产品。除单一大型户内、户外显示屏做为广告媒体外，集群 LED 显示屏广告系统、列车 LED 显示屏广告发布系统等也已得到采用并正在推广。

⑨ 演出和集会。大型显示屏越来越普遍的用于公共和政治目的的视频直播，如在我国建国 50 周年大庆、世界各地的新千年庆典等重大节日中，大型显示屏在播放实况和广告信息发布方面发挥了重要的作用。

⑩ 展览会。LED 显示大屏幕作为展览组织者提供的重要服务内容之一，向参展商提供有偿服务，国外还有一些较大的 LED 大屏幕的专业性租赁公司，也有一些规模较大的制造商提供租赁服务。

2.1.4　LED 显示屏的行业发展

1995 年以前，LED 显示屏的生产无行业规范。1996 年原电子部委托蓝通公司制定《LED 显示屏通用规范》，1998 年 1 月正式作为电子行业标准发布实施，使 LED 显示屏产业标准化工作开始走向规范。1998 年初，中国光协光电器件分会加强了 LED 显示屏行业的管理和业务，在引导规范行业发展、开展光电器件与 LED 显示屏产品技术及检测标准交流协调等方面积极开展工作，目前正在就标准体系和具体标准的建立组织力量进行有关工作。随着产品标准体系的形成和系列标准的实施，LED 显示屏产业在向健康有序的方向发展。

现代信息社会中，作为人—机信息视觉传播媒体的显示产品和技术得到迅速发展，进入 21 世纪的显示技术是平板显示的时代，LED 显示屏作为平板显示的主导产品之一无疑会有更大的发展，已经成为 21 世纪平板显示的代表性主流产品。

高亮度、全彩化、蓝色及纯绿色 LED 产品自出现以来，成本逐年快速降低，已具备成熟的商业化条件。基础材料的产业化，使 LED 全彩色显示产品成本下降，应用加快。以全彩色户外 Φ26 显示屏为例，1996 年的产品市场价格在 12 万元/m^2 左右，1999 年已降至 7 万～8 万元/m^2。LED 产品性能的提高，使全彩色显示屏的亮度、色彩、白平衡均达到比较理想的效果，完全可以满足户外全天候的环境条件要求，同时，由于全彩色显示屏价格性能比的优势，预计在未来几年的发展中，将在户外广告媒体中会越来越多地代替传统的灯箱、霓红灯、磁翻板等产品，体育场馆的显示方面全彩色 LED 屏更会成为主流产品。全彩色 LED 显示屏的广泛应用会是 LED 显示屏产业发展的一个新的增长点。

材料、技术的成熟及市场价格的基本均衡之后，LED 显示屏的标准化和规范化将成为 LED 显示屏发展的一个新趋势。近几年业内的发展，市场竞争在传统产品条件下是以价格作为主要的竞争手段，几番价格回落调整达到基本均衡，产品质量和系统的可靠性等将成为主要的竞争因素，这就对 LED 显示屏的标准化和规范化有了较高要求，业内一些骨干企业已开始在企业实施 ISO9000 系列标准。行业规范和标准体系的形成，对产品的检测有了相对统一的认识和评判依据，生产条件差、技术性不强、售后服务体系不完善的企业将受到市场的淘汰，预计今后几年内一批小规模 LED 显示屏厂商会逐步淡出，行业的发展趋于有序。

信息化社会的形成，信息领域愈加广泛，LED 显示屏的应用前景更为广阔。预计大型或超大型 LED 显示屏的主流产品局面将会发生改变，适合于服务行业特点和专业性要求的小型 LED 显示屏会有较大提高，面向信息服务领域的 LED 显示屏产品门类和品种体系将更加丰富，部分潜在市场需求和应用领域将会有所突破，如公共交通、停车场、餐饮、医院等综合服务方面的信息显示屏需求量将有更大的提高，大批量、小型化的标准系统 LED 显示屏在 LED 显示屏市场总量中将会占有多数份额。

任务 2　项目任务书

2.2.1　F5 室内单色 LED 显示屏

F5 室内单色 LED 显示屏外观正、背面如图 2-2 所示。

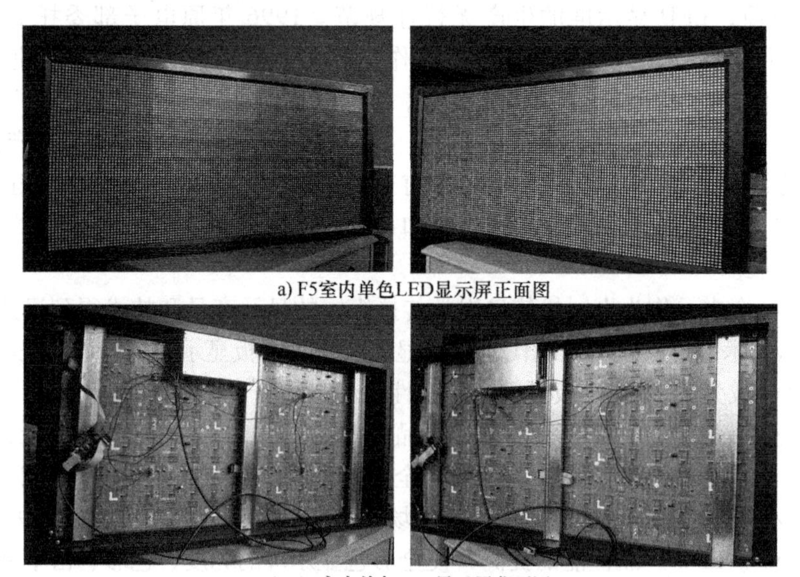

a) F5室内单色LED显示屏正面图

b) F5室内单色LED显示屏背面图

图 2-2　F5 室内单色 LED 显示屏

F5 室内单色 LED 显示屏背面接线如图 2-3 所示。

F5 室内单色 LED 显示屏应用的数据线如图 2-4 所示。

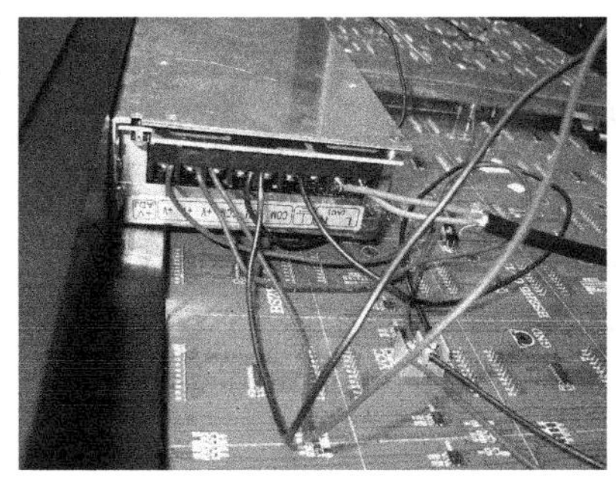

a) F5室内单色LED显示屏电源接线

b) F5室内单色LED显示屏背面接线

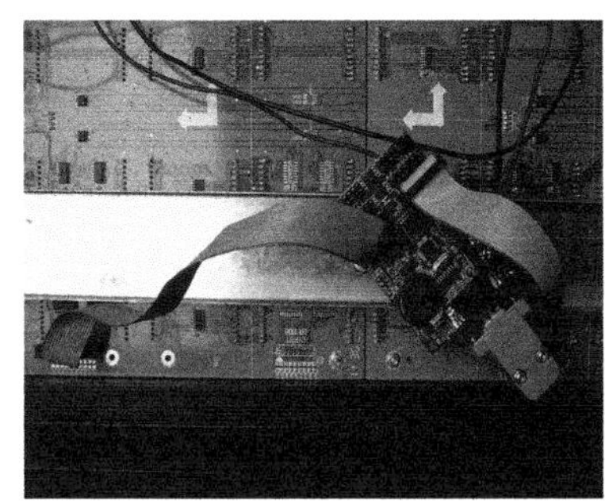

c) F5室内单色LED显示屏控制卡接线

图 2-3　F5 室内单色 LED 显示屏背面接线

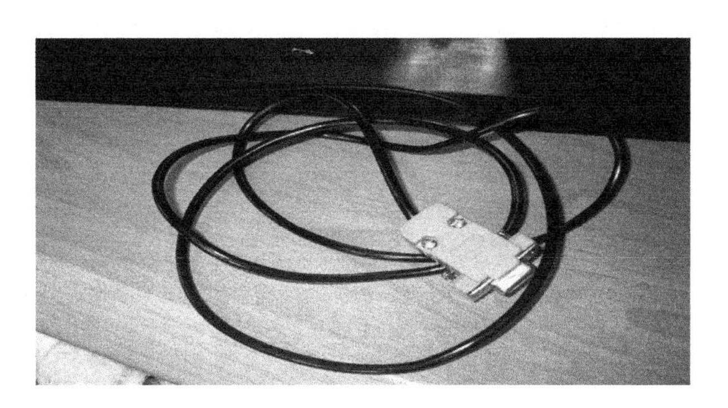

图 2-4　F5 室内单色 LED 显示屏数据线

2.2.2　项目任务书

项目任务书见表 2-1。

表 2-1　项目任务书

序　号	内　容
1	掌握 F5 室内单色 LED 显示屏单元板的主要参数，并完成选型
2	掌握 F5 室内单色 LED 显示屏控制卡的主要参数，并完成选型
3	掌握 F5 室内单色 LED 显示屏电源的主要参数，并完成选型
4	学会 F5 室内单色 LED 显示屏外框的规格、尺寸的选择，并会制作

（续）

序　号	内　容
5	学会排线（数据线）的制作，以及 LED 显示屏布线
6	完成 F5 室内单色 LED 显示屏组装与调试
7	完成 F5 室内单色 LED 显示屏软件使用
8	完成 F5 室内单色 LED 条屏字幕的变换
9	完成常见故障的检查和排除

任务 3　信 息 收 集

2.3.1　LED 显示屏的基本组成、分类

知识链接一　基础知识

（1）LED 的含义

LED 是发光二极管（Light Emitting Diode）的英文缩写。

（2）LED 的工作原理

LED 内部主要为一个 PN 结，如图 2-5 所示为电路符号。当 PN 结内的电子与空穴复合时，电子由高能级跃迁到低能级，电子将多余的能量以光子的形式释放出来，产生电致发光。发光颜色与构成其基底的材质元素有关。LED 应用示意图如图 2-6 所示。

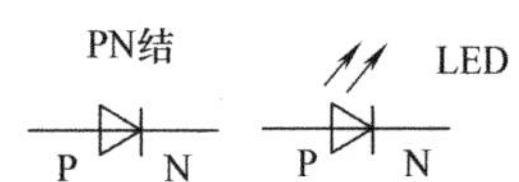

图 2-5　LED 电路符号

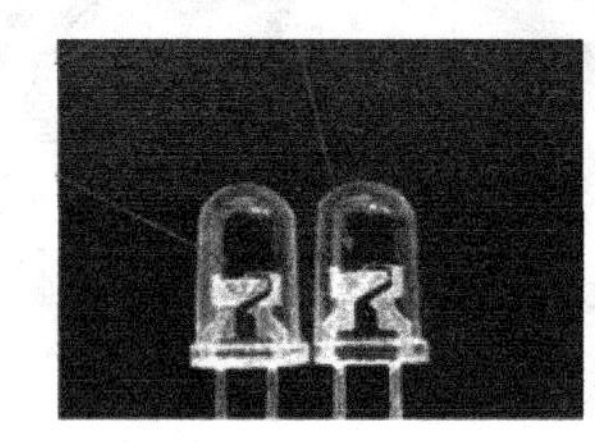

图 2-6　LED 应用示意图

（3）LED 常用材料

材料：GaAs（砷化镓）红光，GaP（磷化镓）绿光，GaN（氮化镓）蓝光。

（4）LED 类型

LED 的类型有直插型、表贴三合一、表贴三拼一、亚表贴和点阵模块。

1）直插型

【346（Φ3 椭圆）】3mm 椭圆灯，346 封装；如图 2-7 所示。发光颜色：R G B。

【546（Φ5 椭圆）】5mm 椭圆灯，546 封装；如图 2-8 所示。发光颜色：R G B。

2）表贴三合一

【表贴三合一 5050】5mm × 5mm 表面贴装发光二极管。发光二极管及其模组如图2-9所示。发光颜色：全彩色。防护等级：IPX5，防紫外线；常用于户外屏、网格屏等产品。

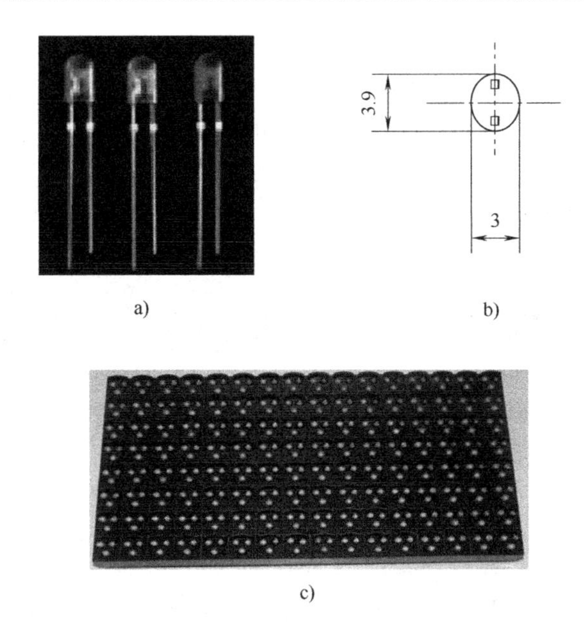

图 2-7　LED346 封装结构

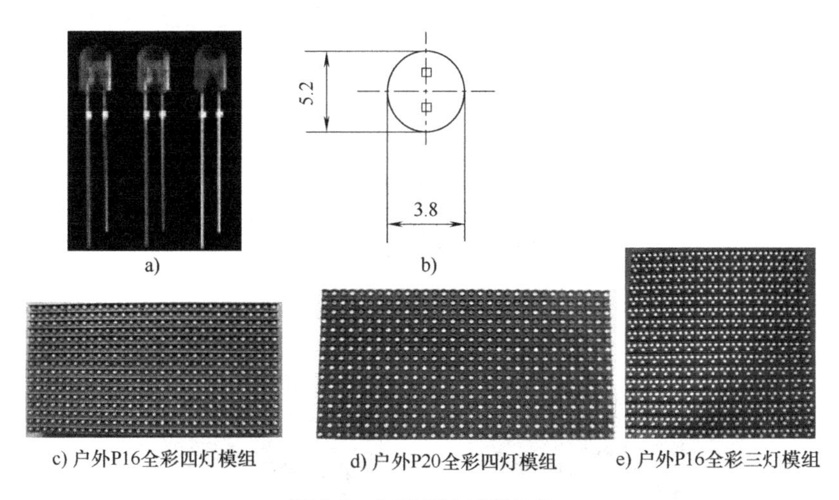

图 2-8　LED546 封装结构

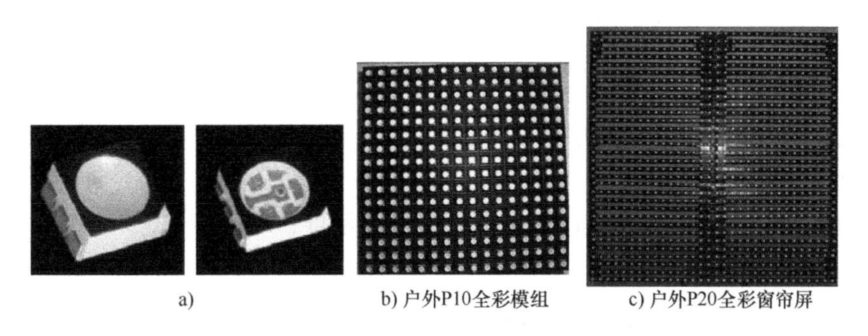

图 2-9　发光二极管及其模组 1

【表贴三合一 3528】3. 5mm × 2. 8mm 表面贴装发光二极管。发光二极管及其模组如图

2-10所示。发光颜色：全彩色。常用于户内全彩屏 P5 及以上规格。

【表贴三拼一 0805】0805 表面贴装发光二极管。发光二极管及其模组如图 2-11 所示。发光颜色：R G B，常用于户内全彩屏 P6 及以上规格。

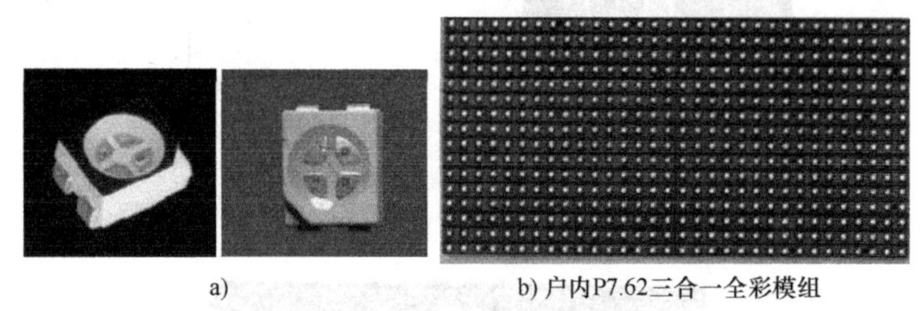

a)　　b) 户内P7.62三合一全彩模组

图 2-10　发光二极管及其模组 2

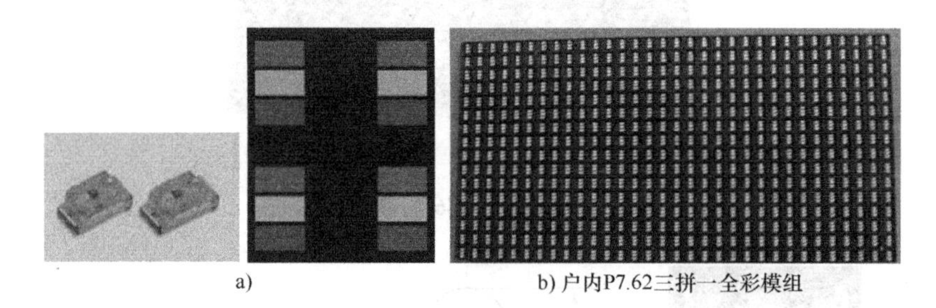

a)　　b) 户内P7.62三拼一全彩模组

图 2-11　发光二极管及其模组 3

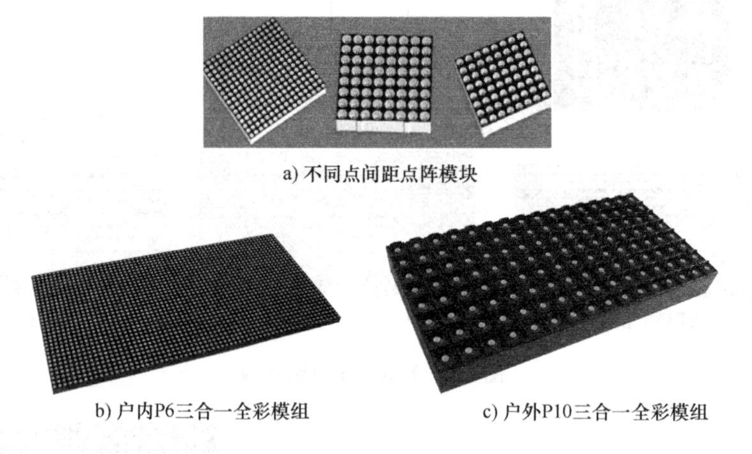

a) 不同点间距点阵模块

b) 户内P6三合一全彩模组　　c) 户外P10三合一全彩模组

图 2-12　发光二极管及其模组 4

3）点阵模块。发光二极管及其模组如图 2-12 所示。点间距有 P4、P5、P6、P7.62、P8、P10、P12、P12.5 和 P16。

其中，P4、P5、P6、P7.62 和 P8 适用于户内显示屏；P10、P12、P12.5 和 P16 适用于户外显示屏。

知识链接二　LED 显示屏的硬件构成

LED 条屏构成有：单元板、电源、控制卡、连线。单元板背面如图 2-13、单元板正面如图 2-14、开关电源和 LED 条屏控制卡如图 2-15 所示。

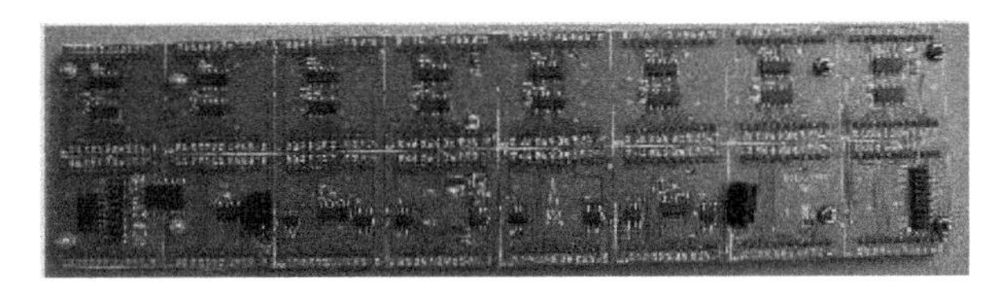

图 2-13 单元板背面

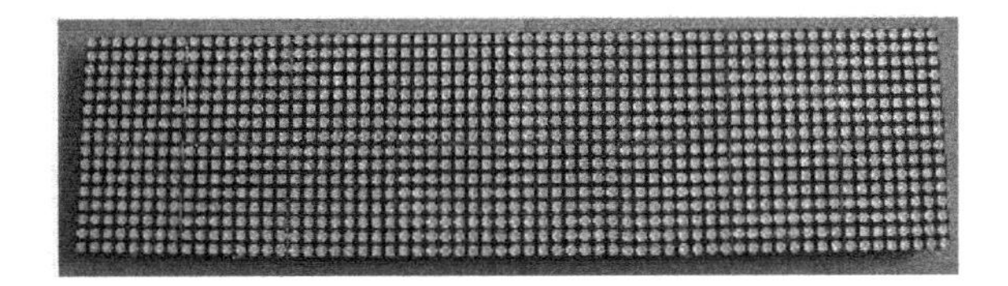

图 2-14 单元板正面

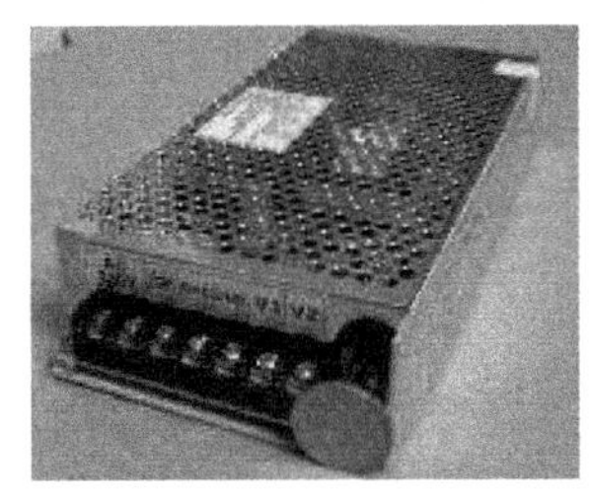

a)

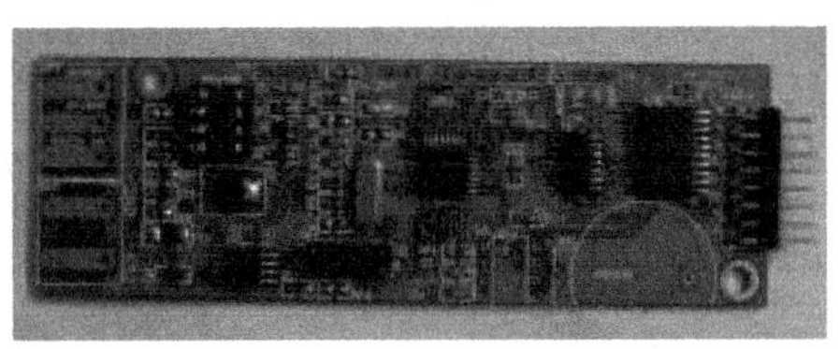

b)

图 2-15 开关电源和 LED 条屏控制卡

知识链接三 LED 显示屏的分类

（1）真彩色显示屏

真彩色显示屏适用于表现绚丽色彩的重要场合，如火车站广场、街心广场、机场候机楼等。它表现色彩的方式与彩色电视机相似，屏上每个像素点都由红、绿、蓝 3 种颜色的发光二极管组成。这三基色按一定比例搭配，就可以变幻出自然界里的所有颜色。

真彩色显示屏可以用来显示文字、表格、彩色图像、彩色视屏。显示内容可以来源于电脑、电视、VCD、DVD、录相机等。如果配合音响功放系统，在欣赏画面的同时，还可以听到同步伴音。

（2）双基色显示屏

因为蓝色发光二极管价格昂贵，出于降低成本的考虑，更多的客户选择双基色显示屏。它虽然只有红和绿两种基本颜色，但通过控制每种颜色的灰度，依然可以变幻出成千上万种颜色。

双基色显示屏常用于显示车船的时刻表、航班起降信息、医院门诊排班、药品广告、商场广告宣传等场合。可以显示文字、表格、图像、视频、在彩色表达上缺少蓝色。

（3）单色显示屏

组成每个像素的发光二极管都是单一的红色、绿色、或蓝色（极少）。可以通过灰度控制来表现画面的明暗，这一点类似于黑白电视机。

单色显示屏又分为文字屏和图文屏，前者只能显示文字、表格，而后者还可以显示单色的图象、视频。

由于成本较低，单色显示屏也有相当广泛的应用，如银行、邮电、税务、机场、证券、医院、商场。

(4) 利率屏

用于项目名称变动小，数字却经常变动的场合，如银行的利率牌、工厂的生产进度牌、各种倒记时牌等。数字的变动可以使用遥控器，也可以使用电脑联网控制。

除此以外，利率屏还可以附加电脑万年历，用来显示年、月、日、时、分、秒、星期。也可以把条屏和利率屏有机地结合为一个整体。

(5) 条屏

条屏主要用于发布一些简单的文字信息，如在银行、邮电、税务等柜台上显示服务内容、宗旨、口号，在机场、车站、码头显示车次、航班，在停车场显示出入口信息等。

条屏又分为单色条屏和双色条屏。屏长可以是8字、10字、12字等，可以储存几千个汉字，用来滚动循环显示，可以通过选配的红外遥控器输入汉字，也可以和电脑联网进行输入。

条屏可以单独使用，也可以若干条屏联成网，由1台主控电脑进行控制。联网的每个条屏可以同时显示相同或不同的信息。

(6) 证券屏

主要用于证券、期货、外汇市场。项目名称由点阵块组成，可显示汉字，价格由数码管组成，只显示变动的数字。有红、绿、黄3种颜色，可以实时、动态、直观地显示价格的升跌。

2.3.2 LED显示屏的构成框图

知识链接一 基本构成

LED显示屏系统由显示系统、控制系统（含运行环境智能监控与保护系统）、信息录入等部分构成。

(1) 显示系统

① 显示屏体：LED发光器件组成的可控显示板。

② 结构骨架：屏体支撑部分，含显示单元固定架、外框架和维护架等。

③ 环境监测系统：位于屏体后部，具有温度、湿度、光强监测，是屏体的保护部分。

(2) 控制系统

该系统由主控电脑、多媒体卡、控制卡等构成，主要用于显示数据的编辑、处理与分配，并控制显示屏的显示。

主控电脑是工控微机，在本系统中起控制显示屏播放的作用。显示屏显示所需要的软件、显示内容、监测控制软件均存储于此机器中。控制机置于机房中，信息录入、节目制作终端可置于本机房或异地办公室中。

(3) 编辑系统

编辑系统的作用是完成显示屏显示内容的整理、编排和设计。编辑完成后的显示内容，须由编辑系统送入控制系统才能进行有效的时时播放。

(4) 运行环境智能监控与保护系统

运行环境智能监控与保护系统：由各类传感器、监测系统和控制计算器构成。用于监测显示屏工作环境参数，适时控制相关保护系统，确保显示屏正常工作、性能参数不发生较大的偏移。它包括：散热系统、配电系统、监测系统和静电防护系统等。

知识链接二　硬件系统原理

硬件系统原理图如图2-16所示。

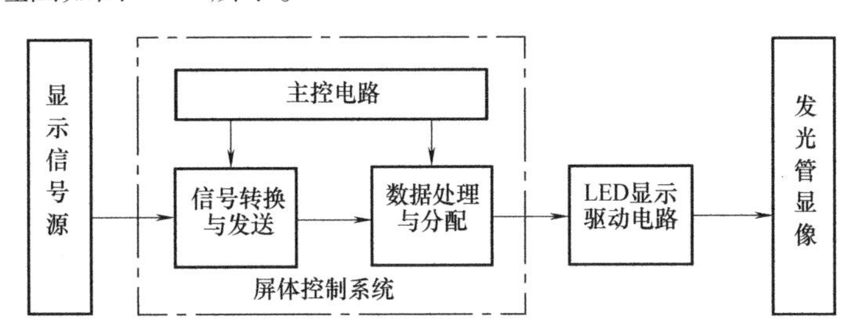

图2-16　硬件系统原理图

LED显示屏显示控制系统由主控电路、数据分配电路、LED恒流驱动电路3部分组成。由主机控制电路产生相应的控制信号，并将来自计算机显示卡的显示数据存储到帧内存中，然后将显示数据传输到数据分配电路。显示数据通过数据分配电路在读出逻辑的控制下送到各个LED恒流驱动电路，在LED屏幕上正确地把图像显示出来。

知识链接三　系统连线控制方式

系统连线控制方式为计算机+控制软件及硬件+播放软件及硬件，如图2-17所示。

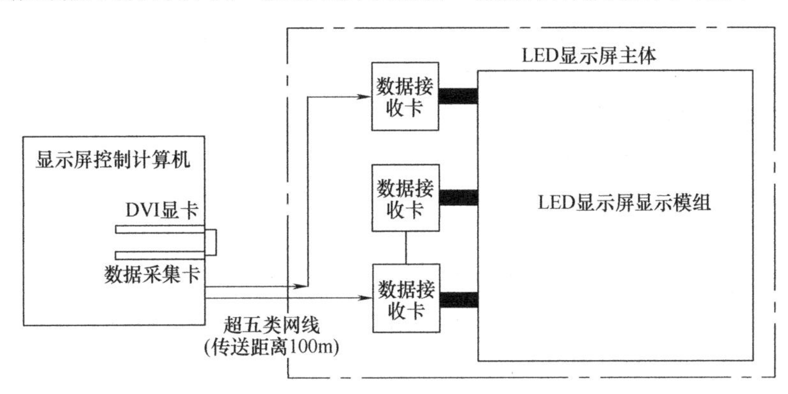

图2-17　系统连线控制方式示意图

2.3.3　简易LED条形屏的组装

（1）实训目的

1）熟悉组成LED条屏的各个模块和配件。

2）学习各种连接线的制作。

3）掌握LED条屏各个模块之间的连接方法。

4）学习利用计算机对LED条屏的控制和显示内容的更新。

（2）实训器材

按表2-2准备LED条屏组装实训器材。

表 2-2　LED 条屏组装实训器材

序　号	名　称	型号与规格	数　量
1	LED 显示单元板	单红，Φ5mm，16×32	2 块
2	控制器	条屏用	1 个
3	电源	LED 显示屏电源（30A）	1 个
4	计算机	自定	1 台
5	数字万用表	自定	1 台
6	电烙铁	35W	1 把
7	排线钳	自定	1 把
8	排线	16（PIN）	2m
9	排线插头	16（PIN）	4 只
10	电源线	$1mm^2$（红、黑）	5m
11	通信线	$0.5mm^2$（4 种颜色）	各 2m
12	通信线接头	BD9	2 只
13	电工工具	自定	1 套

（3）实训步骤和内容

1）数据线的制作。数据线用于控制器与 LED 点阵单元板及单元板之间的连接，控制器一般采用 16PIN08 接口，其排列顺序如图 2-18 所示。而单元板的接口目前还没有标准，控制器的接口与单元板的接口一致时，作一根数据线对接；当与控制器的接口不一致时，就需要制作一根转换线（转换一下接线的顺序）。

另外各接口的标号也不尽相同，常见的有 LA = A；LB = B；LC = C；LD = D；ST = LT = LAT = L；CLK = CK = SK = S；OE = EN；N = GND。

2）电源线的制作。电源线可分为 220V 电源线和 5V 电源线。220V 电源线用于连接开关电源到市电，最好采用 3 脚插头。这里着重讲述 5V 直流电的电源线，由于 5V 的电流比较大，采用铜芯直径在 1mm 以上的红黑对线（红为正、黑为负）。

3）控制器与计算机的连接方式，根据控制器的说明书，制作通讯线。

4）连接各部件，按照联接示意图，将各部件连接起来。

5）计算机安装控制器配套的控制软件。

6）在计算机上对 LED 显示屏进行调整和显示演示。

（4）问题讨论

1）画出控制器和点阵单元板的接口示意图，它们之间的顺序是否一致？

2）能否将两块点阵单元板垂直方向拼接成一个显示屏？这时数据线该如何连接？

3）写出实训用控制器的主要技术指标，并解释其含义。

2.3.4　室内 LED 显示屏的应用

通过相关网络查询和各种技术资料、杂志了解 LED 显示屏有哪些应用。

广泛应用于：舞台租赁、体育场、剧场、礼堂、报告厅、多功能厅、会议室、演绎厅、迪吧、夜总会、卡拉 OK 包房等音频系统工程。

N○	○A
N○	○B
N○	○C
EN○	○D
R1○	○G1
R2○	○G2
N○	○STB
N○	○CLK

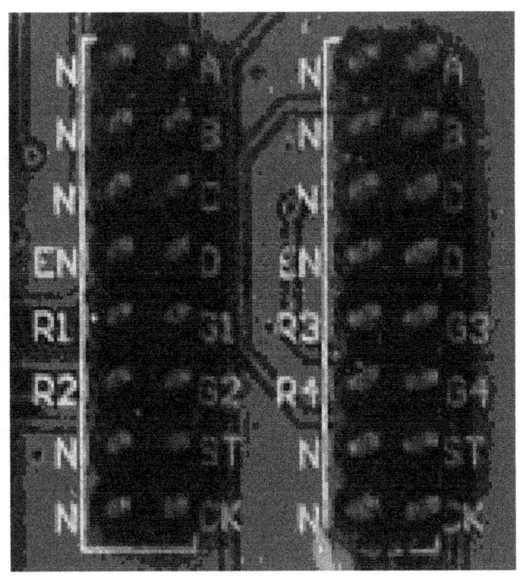

a) 控制器16PIN 08 接口

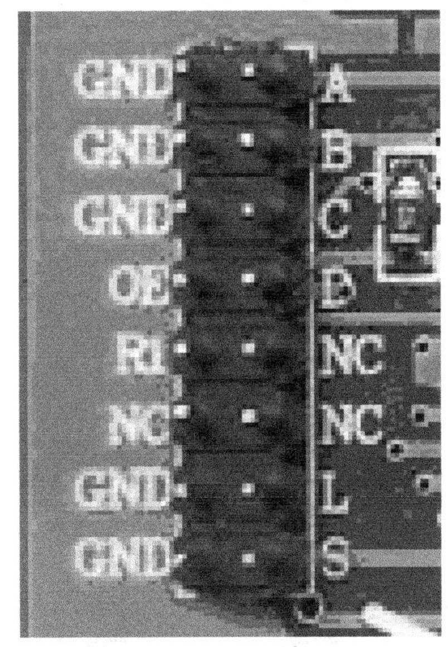

b) 单元板数据接口

图 2-18 控制器和单元板数据接口

室内 LED 显示屏是医院、银行、邮电、电信、车站、商场、税务、保险的营业大厅、宾馆、体育馆等场所借助电子服务的理想设备。

2.3.5 LED 应用举例及相关工具

LED 应用举例参见图 2-19，LED 显示屏制作常用工具参见图 2-20。

2.3.6 F5 室内单色 LED 显示屏单元板的规格

（1） 常见 F5 室内单色 LED 显示屏

F5 室内单色 LED 显示屏组成及其连接线如图 2-21 所示。

a) LED 应用于汽车仪表

b) LED 应用于户外屏幕

c) LED 应用于舞台灯光

d) LED应用于台灯

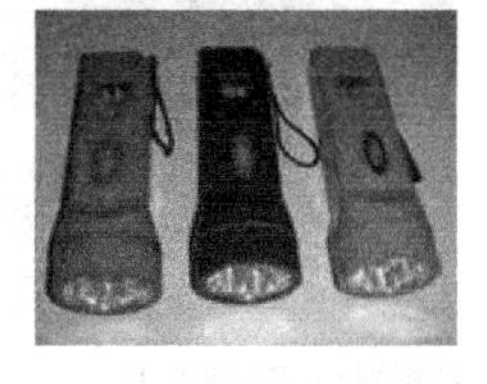

e) LED应用于手电筒

f) LED应用于电视

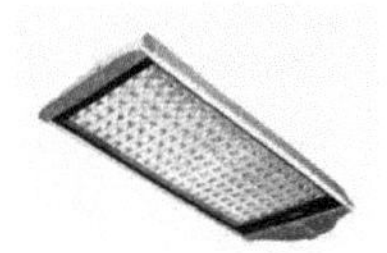

g) LED应用于路灯

h) LED应用于交通信号灯

i) LED灯泡

图 2-19　LED 应用举例

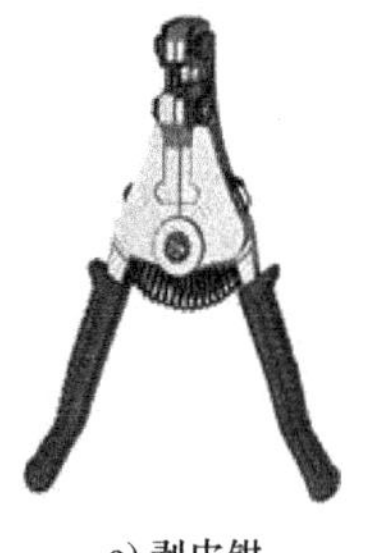

a) 剥皮钳

b) 电钻

c) 万用表

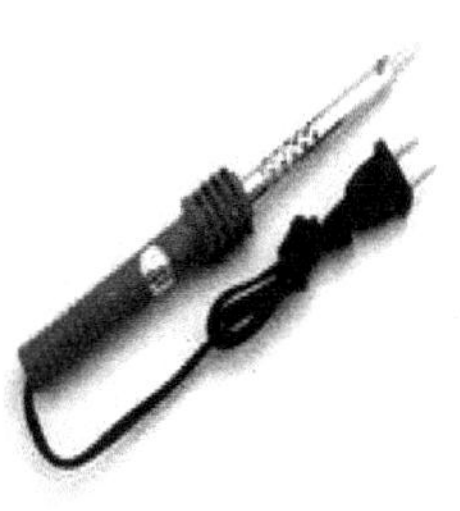

d) 电烙铁

e) 螺钉旋具

f) 尖嘴钳

图 2-20　LED 显示屏制作常用工具

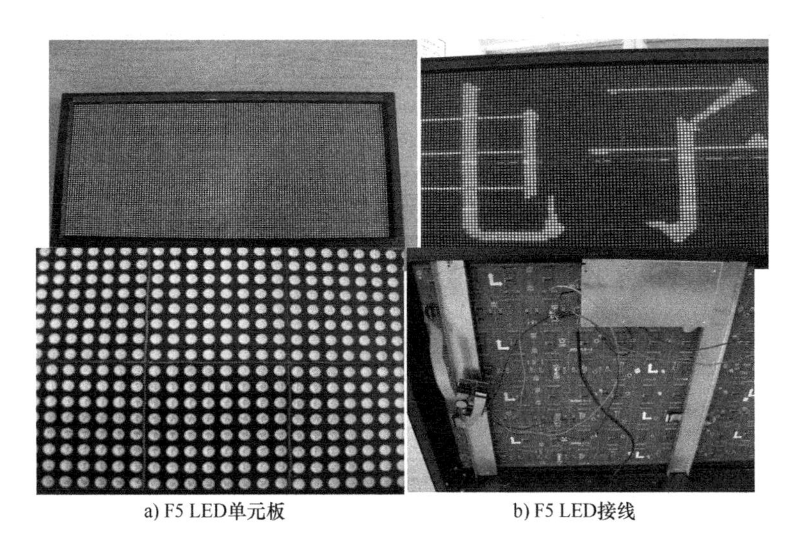

a) F5 LED单元板　　b) F5 LED接线

图 2-21　F5 室内单色 LED 显示屏组成及其连接线

（2）F5 室内单色 LED 显示屏主要技术参数（见表 2-3）

表 2-3　F5 室内单色 LED 显示屏技术参数

名　称	技术参数
像素管	1. 像素点形状与尺寸：圆形直径 5mm 2. 像素点中心距：7.62mm 3. 像素晶片构成：红 4. 每平方米像素数量：17220 点
单元板	1. 模块分辨率：8 点 ×8 点 2. 模块尺寸：61mm ×61mm 3. 单元板分辨率：64 点 ×32 点 4. 单元板尺寸：488mm ×244mm
显示屏整屏	1. 视角：水平≥120°，垂直上下≥120° 2. 屏幕亮度：平均值≥800cd/m² 3. 相对温度：-25 ~ +60℃（工作时） 4. 相对湿度：10% RH ~95% RH 5. 屏幕寿命：大于 100000h 6. 散热方式：局部密封式对流散热方式 7. 屏幕重量：（不含支撑结构）<25kg/m²
供电系统	1. 供电要求：220V ±15%，50Hz 2. 电源保护：具有超温、过流、过压等技术 3. 平均功耗：单色 80W/m² 4. 最大功耗：单色 150W/m²

（续）

名　称	技术参数
控制系统	1. 操作系统：Windows 系统 2. 控制软件：专用显示屏控制软件 3. 通信接口：VGA、RS232 或 RS485 4. 控制方式：计算机实时控制或者异步控制 5. 通信距离：视频屏：≤110m（双绞线无中继）/2000m（光纤）；异步屏：≤1200m 6. 驱动方式：恒压驱动 7. 扫描方式：1/16 扫描 8. 换帧方式：同步帧切换或者异步
其他参数	1. 最佳可视距离：正面 5～80m 2. 画面刷新频率：≥360Hz 3. 画面刷新速度：150 帧/s 4. 整屏失控点：≤2/10000（连续使用时） 5. 亮度均匀性：最低像素亮度/最高像素亮度 <0.9 6. 系统平均无故障时间：>10000h 7. 常亮点：2 年内≤1/10000 8. 盲点：2 年内≤1/10000 9. 整屏亮度调整级数：64 级自动或手动 10. 发光芯片产地：台湾

2.3.7　F5 室内单色 LED 显示屏的基本构成

F5 室内单色 LED 显示系统如图 2-22 所示，主要由 LED 显示屏、LED 显示屏控制器、控制计算机、配电设备、光纤、视频外设、音频外设、LED 显示屏安全防护系统及系统软件组成。使用时用户在计算机上通过控制软件将编辑好的图象文字和相应的控制命令经通信卡传至显示系统的控制部分，显示部分即可根据用户选择的显示方式逐页循环显示用户编辑好的图象文字。F5 室内单色 LED 显示系统还有独特的脱机显示方式，在这种方式之下，在用户已将要显示的内容传至显示部分后，计算机不必继续介入显示过程，显示系统就可以根据用户设定的模式显示所要显示的信息。F5 室内单色 LED 显示屏，可显示各种图形、文字等信息，其表面平整、显示均匀、发光亮度好、显示效果清晰稳定，配有十几种循环变化方式。

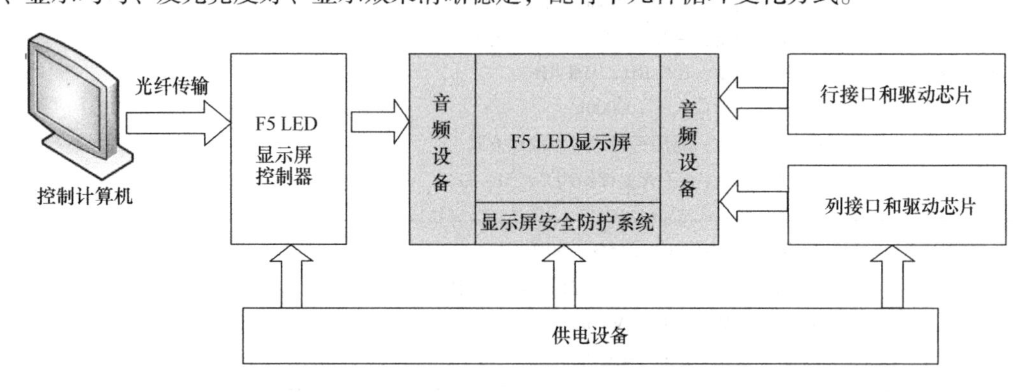

图 2-22　F5 室内单色 LED 显示屏的基本构成

(1) LED 显示屏屏体

LED 显示屏屏体由多个显示单元箱体组成。屏体可以根据不同的尺寸要求进行横向和纵向的单元箱体组合而成，且单元板可以互换，这将使得屏体的安装、维护，更为简洁、方便。LED 显示屏接受从光纤传输的控制器输出的全数字信号，通过驱动电路，使 LED 点阵面发光显示。显示屏箱体组成有 LED 发光模组、接收卡、开关电源、散热风扇等。

(2) LED 显示屏控制器

LED 显示屏控制器是 LED 大屏幕处理信息的核心设备。LED 显示屏控制器可以直接接收视频信号或计算机信号，进行信号解码、转换、处理、运算、编码、数字化传输，向 LED 显示屏屏体输出显示信号。在控制器或计算机上直接可以调节 LED 显示屏的亮度等 LED 显示屏参数。

LED 控制器根据其功能的不同又分为异步控制器和同步控制器。异步 LED 显示屏控制器又称为脱机 LED 控制卡或脱机卡。将计算机编辑好的显示数据事先存储在 LED 显示屏控制卡内，计算机关机后不会影响 LED 显示屏的正常显示，这样的控制系统就是异步 LED 控制卡。同步 LED 显示屏控制器，主要用于实时显示视频、图文、通知等。主要用于室内或户外全彩大屏幕显示屏。

(3) 控制计算机

LED 显示屏工作计算机可以向 LED 屏控制器输出计算机信号。LED 显示屏显示计算机信号时，LED 显示屏上的像素与 LED 显示屏工作计算机显示器相应区域上的像素一一对应，直接映射。运行 LED 显示屏控制软件，LED 显示屏工作计算机通过控制端口可以对显示屏控制器进行 LED 显示屏的各项参数调节和操作。

(4) 配电设备

配电设备为 LED 显示屏的运行提供了充足的电力。配电设备采用交流三相 5 线制，可以在控制室远程控制配电设备，开关 LED 显示屏。根据具体使用环境，进行具体设计。

(5) 光纤

作为 LED 显示屏系统的信号传输载体，光纤不但提高了信号的传输距离，而且在提高了信噪比的同时，减少了前后级之间的相互影响，使得整个控制系统布线简练、美观，可靠性更高，抗干扰性更强，更加易于安装维护。

(6) 视频外设

在显示屏上可以显示视频信息。视频信息的输入通过视频外设，如电视机、VCD 机、DVD 机、录像机、摄像机等。

(7) 音频设备

显示屏连接功放、音箱后，可播放音乐，也可和屏体同步播放新闻、广告等信息，实现声像同步，使屏体的显示更具有感染力、更具有轰动效应。

(8) LED 显示屏安全防护系统

此系统的作用为：防高温；防尘、防潮；防噪声污染；防风、防雨；防反光、防晒和防止动物冲击；防止雷击；防过电流、短路、断路、过电压、欠电压等；防振功能。

(9) 系统软件

系统软件包括控制软件和播放软件。控制软件可以通过计算机的 RS232 口与 LED 显示屏主控制器进行连接，通过控制软件进行 LED 显示屏参数的调节；播放软件播放显示各种计算机文字、表格、图形、图像和二、三维计算机动画等计算机信息。

2.3.8 F5 室内单色 LED 显示屏的性能指标

（1）基色主波长误差

颜色的主波长相当于人眼观测到的颜色的色调，是一个心理量，是颜色相互区分的一种属性。产品标准制定尽可能按照“性能原则”，而不用设计和描述特性来表达，如用“颜色均匀性”（显示屏颜色是否均匀）替代“基色主波长误差”，也就是用性能指标替代设计指标，对技术的提升更有益处。

（2）刷新频率

刷新频率指图像在屏幕上更新的速度，也即屏幕上的图像每秒出现的次数，它的单位是赫兹（Hz）。刷新频率越高，屏幕上图像闪烁感就越小，稳定性也就越高，对视力的保护也越好。

（3）最大输出电流

目前主流的恒流源 LED 驱动芯片最大输出电流多为每通道 90mA 左右。每通道同时输出恒定电流的最大值对显示屏更有意义，因为在白平衡状态下，要求每通道都同时输出恒流电流。

（4）恒流输出通道数

恒流源输出通道有 8 位和 16 位两种规格，现在 16 位占主流，其主要优势在于减少了芯片尺寸，便于 LED 驱动板（PCB）布线，特别是对于点间距较小的 LED 驱动板更有利。

（5）精确的电流输出

精确的电流输出是个很关键的参数，一种是同一个芯片通道间电流误差值；另一种是不同芯片间输出电流误差值，对 LED 显示屏的显示均匀性影响很大。误差越大，显示均匀性越差，很难使屏体达到白平衡。目前主流恒流源芯片的位间（bit to bit）电流误差一般在 ±3% 以内，片间（chip to chip）电流误差在 ±6% 以内。

（6）数据移位时钟

数据移位时钟决定了显示数据的传输速度，是影响显示屏的更新速率的关键指标。作为大尺寸显示器件，显示刷新率应该在 85Hz 以上，才能保证稳定的画面（无扫描闪烁感）。较高的数据移位时钟是显示屏获取高刷新率画面的基础。目前主流恒流源驱动芯片移位时钟频率一般都在 15 ~25MHz 以上。

2.3.9 F5 室内单色 LED 显示屏控制卡及其功能

F5 LED 显示屏控制卡及其连线如图 2-23 所示。

a) F5 LED显示屏控制卡

b) F5 LED显示屏控制卡连线

图 2-23 F5 LED 显示屏控制卡及其连线

F5 室内单色 LED 显示屏控制卡的功能：

屏控制卡负责接收来自计算机串行口的画面显示信息，置入帧存储器，按分区驱动方式生成 LED 显示屏所需的串行显示数据和扫描控制时序，是 LED 图文显示屏的核心部件。

下面介绍几种常用的控制卡。

（1）ZH-U 型控制卡

1）清新简便的界面，采用 NXP32-bit ARMCortex-M3 芯片组，处理性能更优，更可靠。

2）支持流水边框和模拟时钟功能，更加突出显示屏内容。

3）最大可控范围单色 128 点×1024 点（131072 点），双色点数减半，内置 4 个 08 接口和 4 个 12 接口，可扩展到 8 个接口。

4）可显示文字、图片、动画、表格、时间、温度、倒（正）计时等。

5）可用于制作门头屏、海报屏、车载屏和其他各种型号的屏。

6）设置锁屏功能，内置 4 组定时开关机时段，可任意设置使用。

7）具有串口通信和 U 盘录入信息双重功能。

8）支持一个 U 盘管理多块显示屏功能，方便多屏集中管理。

9）支持 1/4 扫、1/8 扫、1/16 扫的各种室内单双色显示板，一卡多能任意设置。

（2）JD_ 40K_ U 晶点控制卡

1）支持 1/4 扫、1/8 扫、1/16 扫的各种室内单双色显示板，一卡多能任意设置。

2）支持流水边框和模拟时钟功能，更加突出显示屏内容。

3）显示功能：图文卡，可以动画、图片、文字混合编辑，操作简单。

4）文字可以直接转换动画，生成 6 种动画字，软件内置动画编辑软件。

5）可用于制作门头屏、海报屏、车载屏和其他种各种型号的屏。

6）设置锁屏功能，内置定时开关机时段，可任意设置使用。

（3）金涵 LED 控制卡 JLS-U

1）支持各类 LED 单元板，1/4 扫、1/8 扫、1/16 扫等。

2）显示功能：支持模拟钟、数字钟、表格、图片、动画、正（倒）计时、等功能。

3）即插即用 U 盘传输屏参，完全无需接线。

4）定时开关机、定时节目、随心设置。

5）强大的自定义边框功能，多像素边框显示效果丰富。

6）检索预览功能非常强大。

任务 4 硬件选型

2.4.1 F5 室内单色 LED 显示屏单元板的选型

单元板是 LED 显示屏中最基本的组件，按照一定规则拼好后成为屏幕的显示部分。室内单色单元板由点阵模组组成，如图 2-24 所示是 F5 室内单色 LED 显示屏的一块单元板，即一个模组。在工程应用中，可根据实际需要增加单元板的个数，以使显示屏面积的大小满足用户需要。除考虑用户对显示屏面积大小的要求外，选择室内单色单元板还需要考虑以下主要因素：

（1）像素点、像素直径

1）像素点：LED 显示屏的最小发光单位，LED 显示屏中的每一个可被单独控制的发光单元称为像素点，即像素。F5 LED 显示屏单元板的像素点是一个白色灯珠。

2）像素直径 Φ：像素直径 Φ 是指每一个 LED 发光像素点的直径，单位为 mm。按照模组的像素直径分类，室内 LED 显示屏单元板分为：F3（6000 像素/m^2）、F3.75（4400 像素/m^2）、F5（1700 像素/m^2）。本项目选择室内单色 LED 显示屏常用的 F5 单元板，即选取了像素直径 Φ = 5mm。

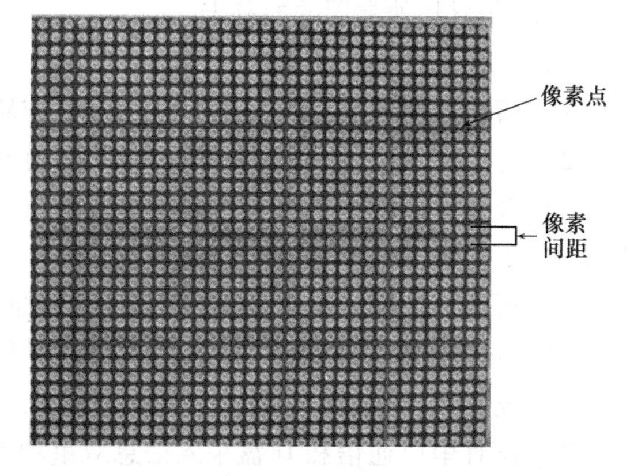

图 2-24　F5 室内单色 LED 显示屏单元板

（2）像素间距

像素间距是指 LED 显示屏的两像素间的中心距离，也称点间距。如图 2-24 所示，点间距越密，在单位面积内像素密度就越高，成本也越高。像素直径越小，点间距就越小。一般情况下，F5 室内单色 LED 显示屏单元板的像素间距为 7.62mm。

（3）分辨率

分辨率主要分为模组分辨率和屏体分辨率。模组分辨率是指 LED 模组横向像素点数乘以纵向像素点数。屏体分辨率是指 LED 显示屏横向像素点数乘以纵向像素点数。其中，屏幕的分辨率越高，可以显示的内容越多，画面越细腻，但是分辨率越高，造价也就越昂贵。

对于 F5 LED 显示屏单元板而言，模组横向像素点数是 64，纵向像素点数是 32，所以模组分辨率是 64 × 32，也可表示为 2048 点/块。

（4）亮度

亮度是指在给定方向上，每单位面积上的发光强度，亮度的单位是 cd/m^2。亮度与单位面积的 LED 数量、LED 本身的亮度成正比。LED 的亮度与其驱动电流成正比，但寿命与其电流的平方成反比，所以不能为了追求亮度过分提高驱动电流。

对 LED 亮度具体要求如下：

室内显示屏：>800cd/m^2。

半室内显示屏：>2000cd/m^2。

户外（坐南朝北）显示屏：>4000cd/m^2。

户外（坐北朝南）显示屏：>8000cd/m^2。

（5）灰度

灰度是指 LED 显示屏同一级亮度中从最暗到最亮之间能区别的亮度级数。灰度取决于视频源及控制系统的处理位数。目前国内 LED 显示屏主要采用 8 位处理系统，即 256 级灰度。简单地说就是从黑到白共有 256 种亮度变化。若采用 RGB 三原色即可构成 256 × 256 × 256 = 16777216 种颜色。即通常所说的 16 兆色。国际品牌 LED 显示屏主要采用 10 位处理系统，即 1024 级灰度，RGB 三原色可构成 10.7 亿色。

F5 室内单色 LED 显示屏像素构成是 1R，即单基色红色，组成的 LED 显示屏采用 8 位处理系统，所以 F5 室内单色 LED 单元板的灰度是 256 级。

（6）刷新频率

LED 显示屏显示数据每 s 内重复显示的次数，常为 60Hz、120Hz、240Hz 等，刷新频率越高，图像显示越稳定。F5 室内单色 LED 显示屏采用的是 60Hz 刷新频率。

（7）可视角

可视角是刚好能看到显示屏上图像内容的方向，与显示屏法线所成的角。LED 晶片的封装方式决定 LED 显示屏的可视角的大小，其中，表贴 LED 灯的可视角较好，椭圆形 LED 单灯水平可视角比较好。F5 室内单色 LED 显示屏单元板的可视角是 120°，显示屏法线左右两侧各 60°。

（8）最佳视距

最佳视距是能刚好完整地看到显示屏上的内容，且不偏色，图像内容最清晰的位置相对于屏体的垂直距离。最佳可视距离 = 点间距/(0.3 ~ 0.8)，这是一个大概的范围。例如，点间距 16mm 的显示屏，最佳可视距离就是 20 ~ 54m。

对于 F5 室内单色 LED 显示屏，点间距是 7.62m，则最佳可视距离是 10 ~ 26m。

（9）平整度

平整度是指发光二极管、像素、显示模块、显示模组在组成 LED 显示屏平面时的凹凸偏差。LED 显示屏的平整度不好易导致观看时，屏体颜色不均匀。F5 室内单色 LED 显示屏平整度应小于 0.5mm。

（10）驱动方式

驱动方式分为静态驱动和扫描驱动。静态驱动是从驱动 IC 的输出脚到像素点之间实行“点对点”的控制，其显示效果好、稳定性好、亮度损失较小，但成本较高。扫描驱动是从驱动 IC 的输出脚到像素点之间实行“点对列”的控制，扫描驱动需要行控制电路，成本低，但显示效果差、稳定性较差、亮度损失较大等。

2.4.2 F5 室内单色 LED 显示屏单元板的技术指标

F5 室内单色 LED 显示屏单元板技术指标如表 2-4 所示。

表 2-4 F5 室内单色 LED 显示屏单元板技术指标

序 号	项 目	技术指标
1	显示颜色	单基色（红）
2	像素直径 Φ	5mm
3	像素间距	7.62mm
4	模组尺寸（长×宽）	488mm×244mm
5	模组分辨率	长 64 点×宽 32 点（2048 点/块）
6	亮度	≥800cd/m^2
7	像素构成	1R
8	灰度级别	256 级
9	刷新频率	60Hz
10	可视视角	120°
11	最佳视距	10 ~ 26m
12	平整度	<0.5mm

（续）

序　号	项　目	技术指标
13	驱动方式	1/16 扫描驱动
14	模组功率	18W
15	工作电压	5V
16	模组重量	1.5kg

2.4.3 LED 显示屏控制卡的选型

LED 显示屏控制器又称 LED 同步/异步控制系统或 LED 显示屏控制卡，是 LED 图文显示屏的核心部件，负责接收来自计算机串行口的画面显示信息，置入帧存储器，按分区驱动方式生成 LED 显示屏所需的串行显示数据和扫描控制时序。

LED 显示屏控制器可分为同步控制器和异步控制器。

（1）LED 显示屏同步控制器

LED 显示屏同步控制器，主要用来实时显示视频、图文、通知等，主要用于室内或户外全彩大屏幕显示屏。LED 显示屏同步控制系统控制 LED 显示屏的工作方式基本等同于电脑的监视器，它以至少 60 帧/s 更新速率点点对应地实时映射电脑监视器上的图像，通常具有多灰度的颜色显示能力，可达到多媒体的宣传广告效果。其主要特点是：实时性、表现力丰富、操作较为复杂、价格高。一套 LED 显示屏同步控制系统一般由发送卡、接收卡和 DVI 显卡组成。

如图 2-25 所示，发送卡是将待显示的内容按 LED 显示屏要求的特定格式和一定的播出顺序在 VGA 显示器上显示；另一方面把 VGA 显示器上显示的画面通过采集卡，向控制板上发送，采集卡是 VGA 用于显示器到 LED 屏之间的接口卡。

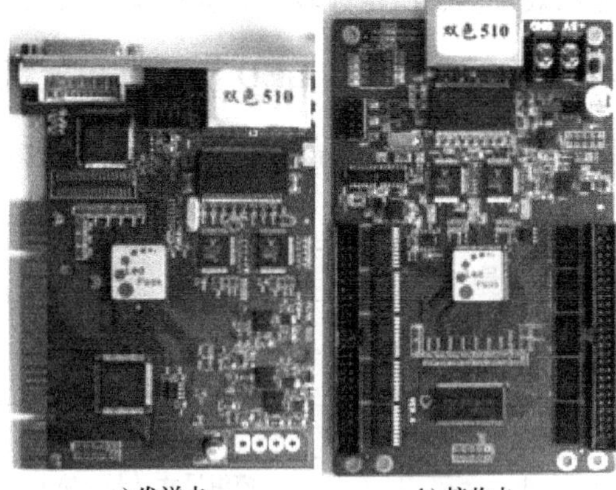

a) 发送卡　　b) 接收卡

图 2-25　LED 显示屏同步控制器

接收卡是接收发送卡传输过来的视频信号（控制信号和数据信号），将视频信号中的数据经过位面分离，分场存入外部缓存，然后分区读出，传送给显示驱动屏。

（2）LED 显示屏异步控制器

LED 显示屏异步控制器又称 LED 显示屏脱机控制系统或脱机卡，如图 2-26 所示。主要用来显示各种文字、符号和图形或动画为主。画面显示信息由计算机编辑，经 RS232/485 串行口预先置入 LED 显示屏的帧存储器，然后逐屏显示播放，循环往复，显示方式丰富多彩，变化多样。其主要特点是操作简单、价格低廉、使用范围较广。LED 显示屏简易异步控制系统只可以显示数字时钟、文字、

图 2-26　LED 显示屏异步控制器

特殊字符。LED显示屏图文异步控制系统除具有简易控制系统的功能外，最大的特点是可以分区域控制显示屏幕内容。支持模拟时钟显示、倒计时、图片、表格及动画显示，具有定时开关机、温度控制、湿度控制等功能。

将计算机编辑好的显示数据事先存储在显示屏控制系统内，计算机关机后不会影响LED显示屏的正常显示，这样的控制系统就是异步控制系统卡。

2.4.4 F5室内单色LED显示屏控制卡的主要参数

F5室内单色LED显示屏采用HD-M型控制卡，HD-M型控制卡是一种异步多区域控制卡，它支持区域显示（可分3个区域独立显示），支持任意语言、任意字体（可单字改动），且采用工业级芯片生产，具有性能稳定、走字稳定、不抖、不闪等优点，其具体技术指标见表2-5。

表2-5 F5室内单色LED显示屏HD-M型控制卡技术指标

序号	项目	技术指标
1	尺寸	53mm×79mm
2	工作电压	5V(4.5~6V)
3	最大功率	≤0.5W
4	工作温度	-30~70℃
5	控制范围	单色：64×640　48×832　32×1280 双色：64×320　48×416
6	分区属性	支持任意分区，最多分区数3个
7	模组接口	08接口：2个，12接口：4个
8	扫描频率	最大分辨率时≥200Hz
9	通信方式	接口协议：RS232 波特率：115200 接线方式：使用直通线，2-2，3-3，5-5
10	扫描方式	支持各种常规走线的1/16、1/8、1/4、1/2及静态扫描的单色、双色模组
11	显示方式	24种显示方式 20余种退出方式，配合显示方式达到最佳组合
12	亮度调节	3种亮度调节模式： 1. 固定亮度调节，设定用户选择的亮度 2. 自动亮度调节（此模式必须安装光敏器件） 3. 按时段亮度调节
13	内存容量	2M字节
14	自动关机	支持自定义定时开关机
15	控制软件	HD2010
16	其他特性	左连移不会出现空格现象，移动不抖不闪

2.4.5 F5室内单色LED显示屏电源及其选型

1. 电源

F5室内单色LED显示屏选用CLA-200-5型显示屏专用电源，具体见图2-27所示。

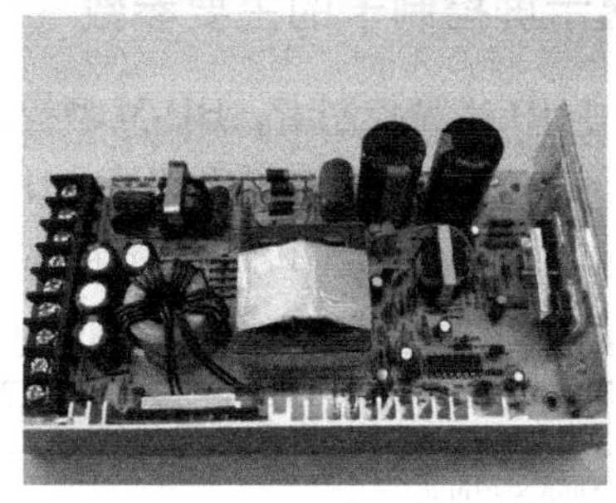

图 2-27 CLA-200-5 型显示屏专用电源及其内部结构图

2. 选型

LED 显示屏上的所有组件都使用的是直流 5V30A 电源或直流 5V40A 电源。实际应用中以直流 5V40A 电源为主，书中项目亦采用直流 5V40A 电源。对于 LED 显示屏电源的选型主要看单元板的规格和个数。直流 5V40A 电源的功率是 200W，单色室内 LED 显示屏的一个模组单元板功率为 18W，所以 1 个直流 5V40A 电源可以带动 11 块单色室内 LED 显示屏的 1 个模组单元板。

LED 显示屏电源的选择除根据上述方法计算以外，还可以采用下面的方法进行计算。

$$\text{一个电源能带单元板的个数} = \frac{\text{电源的电压} \times \text{电源的电流}}{\text{横向像素点数} \times \text{纵向像素点数} \times 0.1/2}$$

$$\text{所需电源个数} = \frac{\text{显示屏平均总功率}}{\text{一个电源的功率（电源电压} \times \text{电源电流）}}$$

2.4.6 F5 室内单色 LED 显示屏电源的主要参数

本项目选择 4 块 F5 室内单色单元板构成 LED 显示屏，需要配备 1 个直流 5V40A 电源。F5 室内单色 LED 显示屏电源具体技术指标如表 2-6 所示。

表 2-6 CLA-200-5 型显示屏专用电源技术指标

序 号	项 目	技 术 指 标
1	尺寸	199mm × 110mm × 50mm
2	重量	0.9kg
3	交流输入电压	220V ± 15%
4	交流输入频率	47 ~ 63Hz
5	输出电压	5V ± 10%
6	电压调整率（满载）	≤0.5%
7	输出电流	40A

（续）

序　号	项　目	技术指标
8	功率	200W
9	上升时间	满负载时为 50ms（典型值）
10	保持时间	满负载时为 15ms（典型值）
11	保护功能	过载/过压/短路保护
12	输出过载保护	110% ~150% 间歇模式，自动恢复
13	散热方式	空气自然对流冷却
14	工作环境	-20 ~ +85℃、20% RH ~95% RH（无结霜）
15	安全标准	符合 GB4943、UL60950-1、EN60950-1
16	EMC 标准	符合 GB9254、EN55022、class A

2.4.7 F5 室内单色 LED 显示屏外框及其选型

1. 外框

F5 室内单色 LED 显示屏外框如图 2-28 所示。

图 2-28　F5 室内单色 LED 显示屏外框

2. 选型

常见的 LED 显示屏都是用铝型材做外框，内部用轻钢龙骨做支架，单元板则通过磁铁吸在龙骨上。

在实际制作组装中，根据表 2-7 所示的铝型材主要参数选取符合用户需要的型号并配备相应的拐角。在实际制作过程中根据 LED 显示屏实际大小裁减型材，其中型材规格全部为 6m/根。

对于型材材质，现今铝型材材质均为 6063-T5，6063 是指经过热处理预拉伸工艺生产的高品质铝合金，其镁、硅合金特性多，具有加工性能极佳，优良的焊接特点及电镀性、良好的抗腐蚀性、韧性高及加工后不变形、材料致密无缺陷及易于抛光、上色膜容易、氧化效果极佳等优良特点，是 LED 铝型材首选的牌号。T5 是指由高温成形过程冷却，然后进行人工时效状态，适用于有高温成形过程冷却后，不经过冷加工（可进行矫直、矫平、但不影响力学性能极限）予以人工时效产品。

表 2-7　铝型材主要参数

型　号	型　材	型材配件（拐角）	重量（kg/根）	颜　色	应　用
A101	 5cm × 1.71cm 壁厚 1mm	 聚碳角	2.18	黑色磨砂	适合于户内车载 2m 以内小条屏
A102-1	 9cm × 3.5cm 壁厚 1mm	 电木角	4.3	黑色磨砂	适合于室内外 6m 以内
A102-2	 9cm × 3.5cm 壁厚 1.2mm	 电木角	5.0	黑色磨砂	适合于室内外 10m 以内
A103	 9cm × 3.5cm 壁厚 1.3mm	 电木角	6.5	黑色磨砂	适合于室内外 12m 以内
A104-B	 9cm × 4.5cm 壁厚 1.0mm	 ABS 角	4.3	黑色磨砂、灰喷砂	适合于户外 10 ~ 15m

（续）

型　　号	型　　材	型材配件（拐角）	重量（kg/根）	颜　　色	应　　用
A104	9cm×4.5cm 壁厚1.2mm	铸铝角	5.1	黑色磨砂、灰喷砂	适合于户外10～15m
A105	10cm×3cm 壁厚1.2mm	直角、无角	5.1	电泳装、香槟色	适合于户外15～25m
A106-B	9cm×3.5cm 壁厚0.9mm	电木角	3.7	黑色磨砂	适用于户内半外条屏
A106	9cm×3.5cm 壁厚1.1mm	ABS角	4.2	黑色磨砂	适用于户内半外条屏
A107	9cm×2.5cm 壁厚0.9mm	ABS角	3.8	黑色磨砂	适用于户内半外条屏
A108	5cm×1.7cm 壁厚0.85mm	聚碳角	1.38	白色磨砂	适用于各种超薄灯箱

2.4.8 F5室内单色LED显示屏外框的规格及尺寸

F5室内单色LED显示屏外框采用A107型号型材，即9cm×2.5cm，壁厚0.9mm，ABS角。由于本项目采用4块F5室内单色单元板组成，所以其型材尺寸为横向长度87.3cm，纵向长度48.8cm。

2.4.9 课外信息采集

请同学们课外采集如下信息：

室内单色 LED 显示屏除 F5 单元板外还可以选择哪些单元板？这些单元板的规格、尺寸、主要参数是什么？

任务5 项目实施

2.5.1 LED 显示屏电源

LED 显示屏一般使用的是开关电源，220V 输入，5V 直流输出。需要指出，由于 LED 显示屏幕属于精密电子设备，所以要采用开关电源，不能采用变压器。对于 1 个单红色户内 64×16的单元板，全亮的时候，电流为 2A。由此可推理出，128×16 双色的屏幕全亮的时候，电流为 8A。所以本项目应该选择 5V10A 的开关电源。

2.5.2 电源线和数据线

LED 显示屏电源分为220V 电源线和 5V 电源线。220V 电源线用于连接开关电源到市电，最好采用3 脚插头，这可以在五金店买到。这里着重讲述 5V 直流电的电源线，如图2-29所示。由于5V 的电流比较大，最好采用铜芯直径在 1mm 以上的红黑对线（务必要红黑）。有条件的话，最好将线的两头装上金属件。

如图 2-30 所示为 RS232 线，用于连接电脑和控制卡，更新屏幕数据。

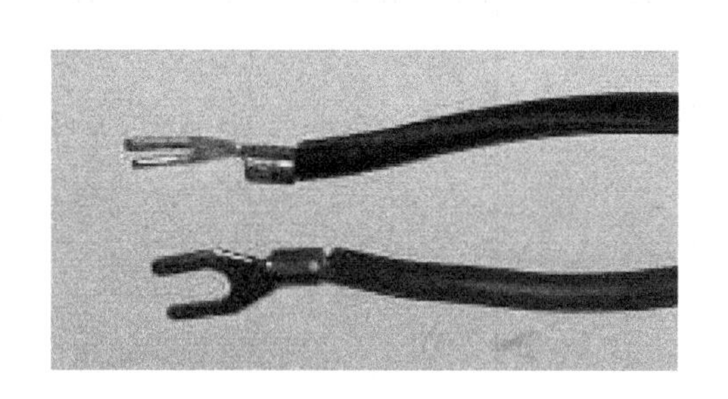

图 2-29 电源线

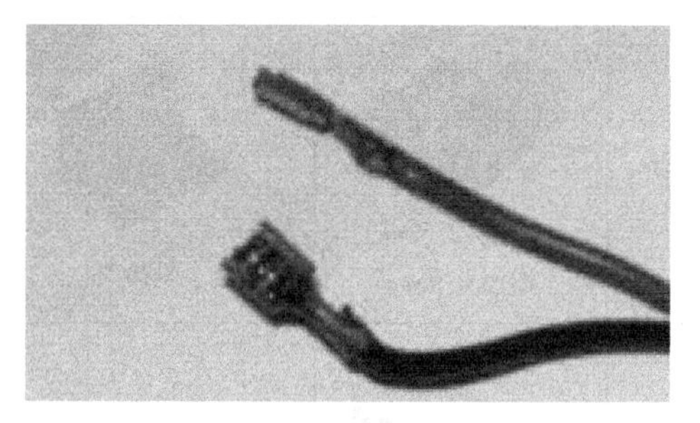

图 2-30 RS232 线

这里需要用到 DB9 头和网线，如图 2-31 所示，仔细观察 DB9 头上的数字，将 5 连接棕线，将 3 连接棕白线。将网线夹紧，装好在 DB9 头（这里很重要，一定要夹紧，自己用力拉几下，看看是否一拉就断）。然后用万用表测量一下两头，是否导通。这里需要指出，DB9 的头分公头和母头。计算机后面的属于母座，所以要买个公插对应。如果不明白请仔细观察一下你的计算机。现在的笔记本式计算机一般没有串口，可配置一条 USB 转 RS232 串口的线。

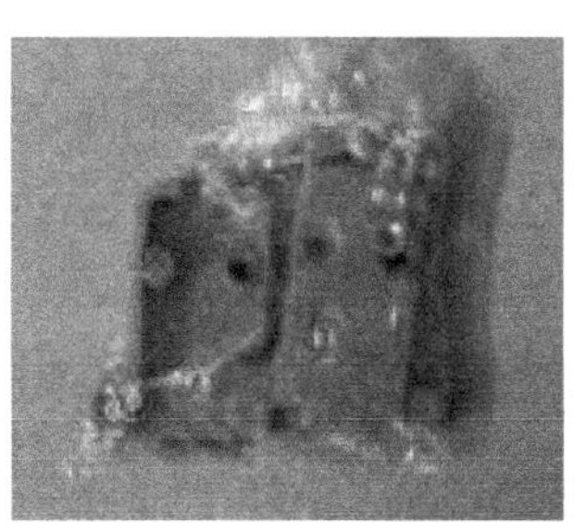

图 2-31　DB9 的配件图片

2.5.3　控制卡

普通 LED 显示屏使用低成本的条屏控制卡，一般采用如图 2-32 所示的控制卡，该卡采用 16PIN 08 接口，可以控制 1/16 扫的 256×16 个点的双色屏幕，可以组装出最有成本优势的 LED 屏幕。该控制卡属于异步卡，就是说，该卡可以断电保存信息，不需要连接 PC 都可以显示储存在里面的信息。详细信息请参阅该控制卡的用户手册。

采购单元板的时候，请询问清楚参数，100% 兼容的单元板有：

08 接口 4.75mm 点距离 64 点宽 ×16 点高，1/16 扫户内亮度，单红/红绿双色。

08 接口 7.62mm 点距离 64 点宽 ×16 点高，1/16 扫户内亮度，单红/红绿双色。

08 接口 7.62mm 点距离 64 点宽 ×16 点高，1/16 扫半户外亮度，单红/红绿双色。

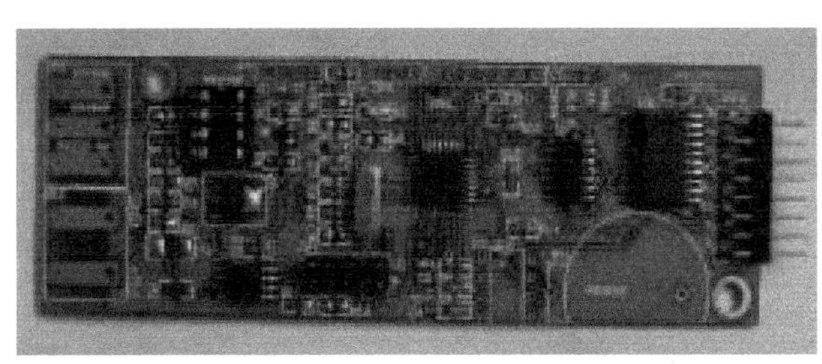

图 2-32　采用 16PIN 08 接口的控制卡

2.5.4　关于 16PIN 08 接口

由于生产单元板和控制卡的厂家众多，所以单元板的接口式样众多，在组装 LED 屏的时候，必须先确定接口的一致性。这里只介绍最常用的 LED 接口，LED 行业编号：16PIN 08 接口，如图 2-32 所示。它的接口顺序如下：ABCD、G1G2、STB(LT)、CLK(CK)。

说明：ABCD 为行选信号，G1G2 为显示数据，STB(LT) 为锁存信号，CLK(CK) 为时钟信号。确认单元板和控制卡的接口一致，就可以直接连接了。如果不一致，就需要自行制作转换线（转换一下线的顺序）。

2.5.5 LED 显示屏连线

LED 显示屏分为数据线、传输线和电源线。数据线用于连接控制卡和 LED 单元板；传输线用于连接控制卡和电脑；电源线就是用来连接电源和控制卡、电源和 LED 单元板。连接单元板的电源线的铜芯直径不小于 1mm。

2.5.6 排线（数据线）制作

排线和电脑机箱里面的数据线类似，只是线的宽度有点差异。制作排线，需要特殊的钳子，如图 2-33 所示，可以大大提高工作效率和良品率。制作排线的材料有：排线、排线头、排线帽。这里要注意一下，如果制作 16PIN（16 线）的排线，需要购买 16PIN 的线和相应大小的排线头和帽。制作步骤如下：把线头用剪刀剪平，然后将排线送入排线头，注意线和头的平衡，然后放进压线钳的中央，用力压紧，最后把线绕过来，安装排线帽。排线帽很重要，可以有效保护排线，让排线更加结实，不要省。

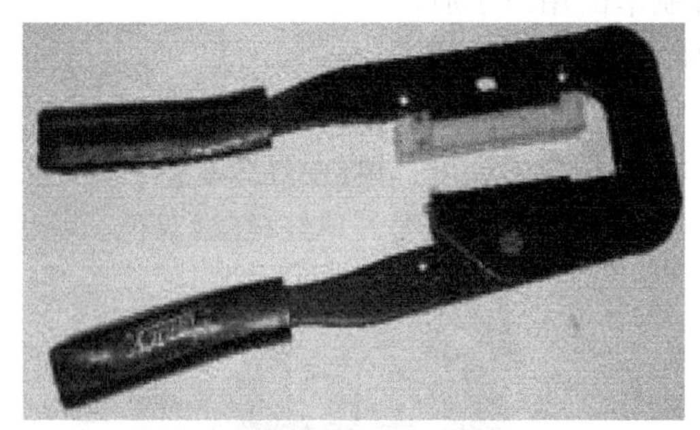

图 2-33 排线钳及其配件

根据图 2-34 制作一根排线。建议使用排线钳。

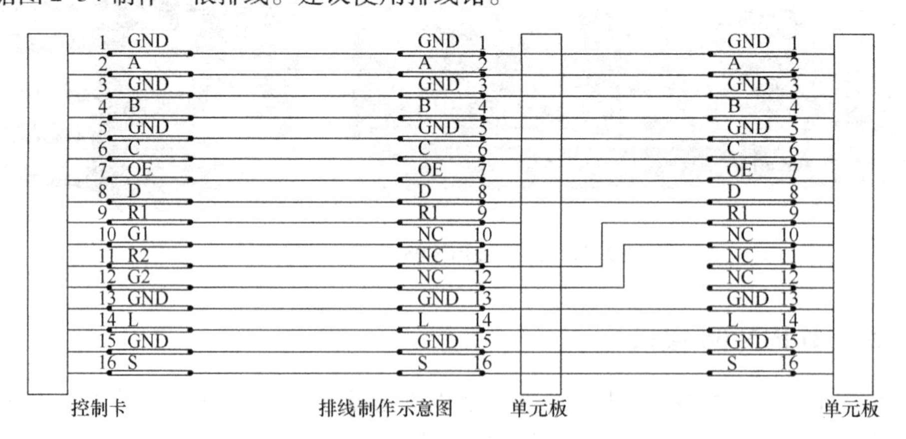

图 2-34 排线制作示意图

上述排线制作过程如图 2-35 所示，按照图示排列排线，最后用 LED 排线钳压好。

2.5.7 LED 显示屏如何布线

第一次安装，请严格按照步骤来操作，减少错误发生。

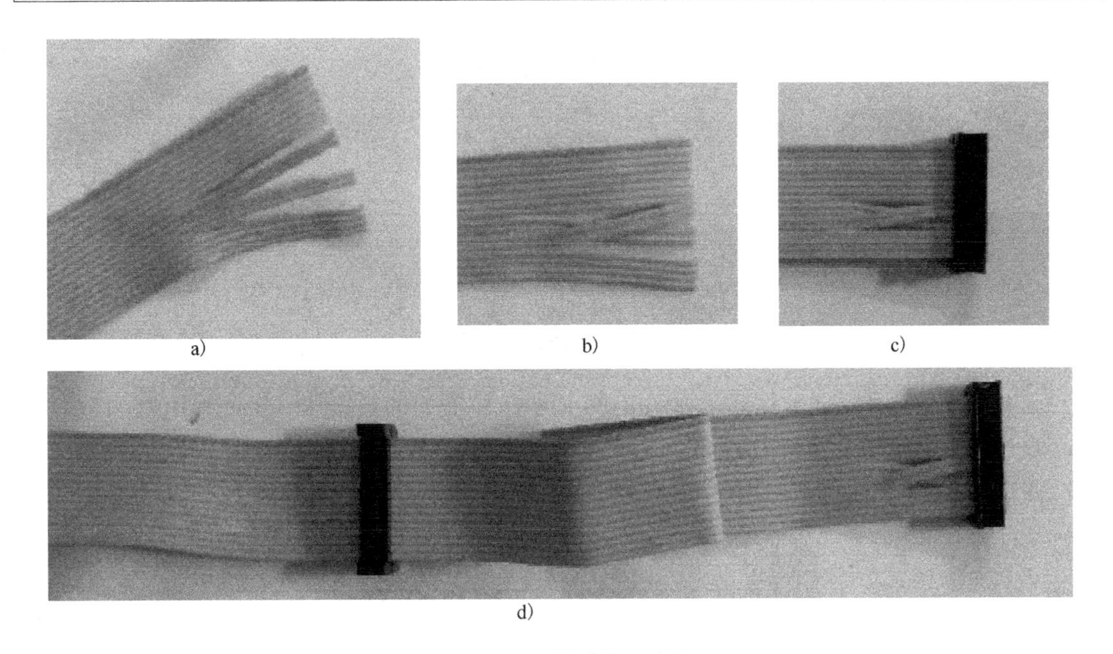

图2-35　制作过程示意图

第1步：检查电源电压，找出直流正负连接开关电源，将220V电源线连接到开关电源（确认连接正确后，连接到AC或者NL接线柱），然后上电。此时电源有个灯会亮，然后用万用表直流挡测量V+和V-之间的电压，确保电压在4.8~5.1V，旁边有个旋钮，可以用十字螺钉旋具调节一下电压。为了减少屏幕发热延长屏幕使用寿命，在亮度要求不高的场合，可以把电压调节到4.5~4.8V。确认电压没有问题后，断开电源，继续组装其他部分。

第2步：先把电源关闭。如图2-36所示，将V+连接红色线，V-连接黑线，分别连接到控制卡和LED单元板，黑线接控制卡和电源的GND。红线连接控制卡的+5V和单元板的VCC。每个单元板1条电源线。完成后，请检查连接是否正确。

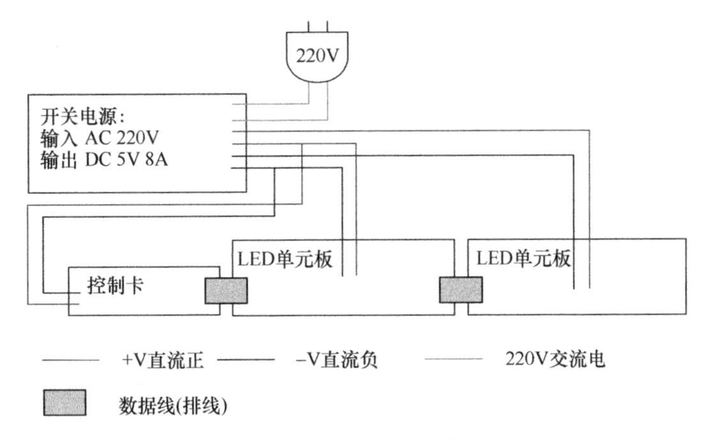

图2-36　电源连接示意图

第3步：连接控制和单元板，如图2-37所示，用做好的排线连接。注意方向不能接反。请注意，单元板2个16PIN的接口，1个是输入，1个是输出，靠近74HC245/244的是输入，将控制卡连接到输入。输出连接到下一个单元板的输入。

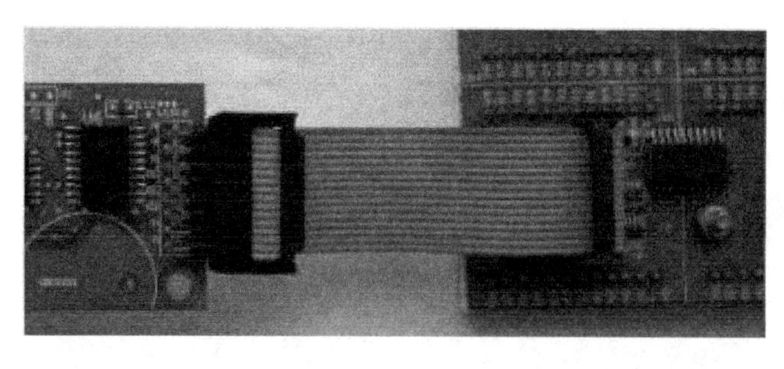

图 2-37　排线连接示意图

第 4 步：连接 RS232 数据线，如图 2-38 所示，将做好的数据线一头连接电脑的 DB9 串口，另一头连接控制卡，将 DB9 的 5 脚（棕）连接到控制卡的 GND，将 DB9 的 3 脚（棕白）连接到控制卡的 RS232-RX。如果 PC 没有串口，需增加一条 USB 转 RS232 串口的转换线。

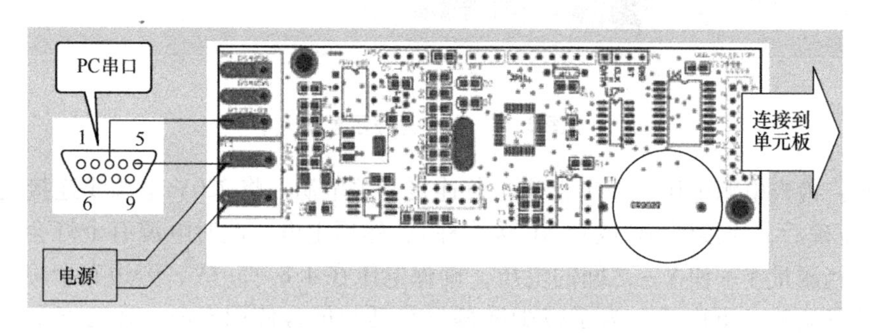

图 2-38　连接 RS232 数据线示意图

第 5 步：再次检查连线是否正确，黑线连接的是 - V 和 GND。红线连接的是 + V 和VCC +5V。

第 6 步：接通 220V，正常情况下，电源灯亮、控制卡亮、屏幕有显示。如果不正常，请检查连线，或者查看错误检修。

第 7 步：打开下载的软件，设定屏幕的参数，发送字幕。具体参照软件使用说明。如果屏幕出现两个单元板显示相同的内容，请用软件设定屏幕的大小为 8 个汉字。

2.5.8　F5 室内单色 LED 显示屏边框制做

1. 工具准备

工具准备：铝材切割机、电动螺钉旋具。

（1）铝材切割机

铝材切割机如图 2-39 所示，是一种专用于铝材切割加工下料的机械工具，铝材切割机刀具是圆形锯片，锯片镶硬质合金刀粒，锯片主轴转速为 2000 ~ 5000r/min，铝材切割机作用对象是切割铝棒、铝板、铝管、铝异型材。

手动铝材切割机是比较简易的铝材切割机，操作简单，需要人工压下机头来切断材料，市场五金工具店都有出售。手动切割机机头可左右转向，可以切割 45°角，切割精度一般，适合铝门窗行业及精度要求不高的铝材切割工作。

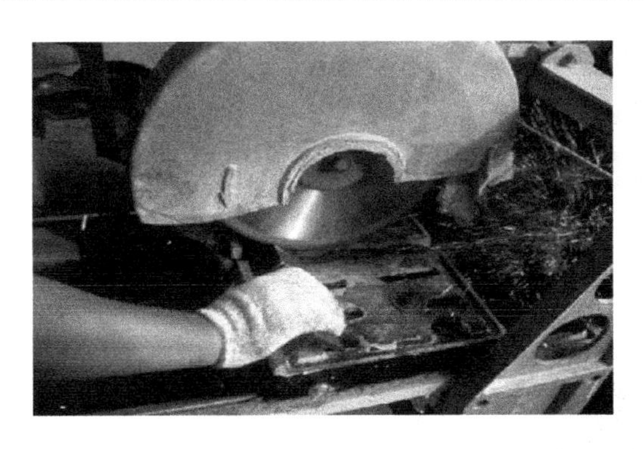

图 2-39 手动铝材切割机

(2) 电动螺钉旋具

电动螺钉旋具如图 2-40 所示，是一种装有调节和限制扭矩的机构，用于拧紧和旋松螺钉用的电动工具。该电动工具，主要用于装配线，是大部分生产企业必备的工具之一。

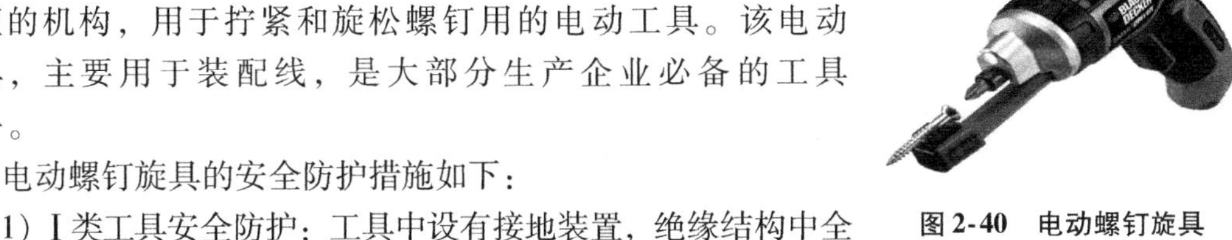

图 2-40 电动螺钉旋具

电动螺钉旋具的安全防护措施如下：

1）Ⅰ类工具安全防护：工具中设有接地装置，绝缘结构中全部或多数部位有基本绝缘。如果绝缘损坏，由于可触及金属零件通过接地装置与安装在固定线路中的保护接地（见接地）或保护接零导线连接在一起，不致成为带电体，可防止操作者触电。

2）Ⅱ 类工具安全防护：这类工具的绝缘结构由基本绝缘和附加绝缘构成的双重绝缘或加强绝缘组成。当基本绝缘损坏时，操作者由附加绝缘与带电体隔开，不致触电。Ⅱ类工具必须采用不可重接电源插头，不允许接地。

3）Ⅲ 类工具安全防护：这类工具由安全电压电源供电。安全电压指导体之间或任何一个导体与地之间空载电压有效值不超过 50V；对三相电源，导体与中线之间的空载电压有效值不超过 29V。安全电压通常由安全隔离变压器或具有独立绕组的变流器供给。Ⅲ类工具上不允许设置保护接地装置。

4）无线电干扰的抑制：带换向器的单相串激电动机和直流电动机会对电视机、收音机产生严重的电磁干扰，所以电动螺钉旋具在设计时要考虑仰制对无线电的干扰。主要采用屏蔽、励磁绕组对称连接、设置电气滤波器、滤波器接成三角形等措施。必要时，还可在电动机电枢两端串接小电感线圈。

2. 材料准备

材料准备：边框铝材、钻尾螺钉。

边框铝材是由铝和其他合金元素制造的制品，如图 2-41 所示。首先将铝材加工成需要的型材，而后经冷弯、锯切、钻孔、拼装、上色等工序最终制成。铝材的主要金属元素是铝，在加上一些合金元素，提高铝材的性能。铝材的外形多种多样，一般加筋的铝材更为坚固耐用。

形成铝材直角连接需要一个拐角接头，如图 2-42 所示。

不同的型材对应使用的接头也不一样，如图 2-43 所示。

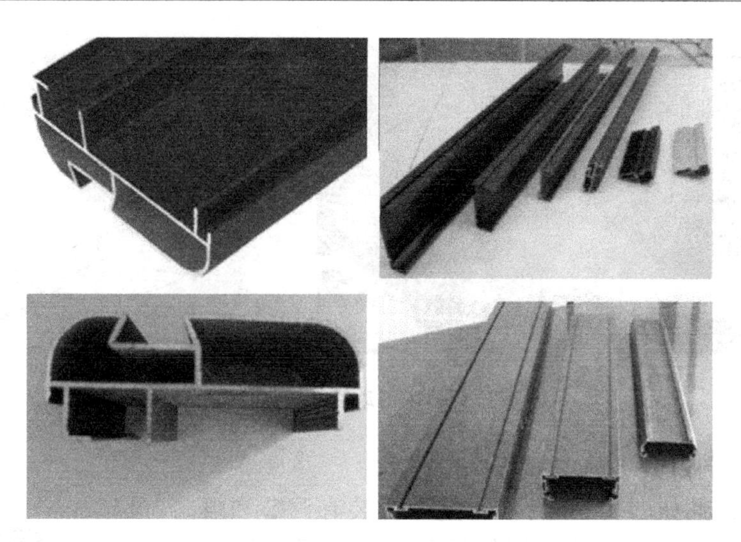

图 2-41　边框铝材

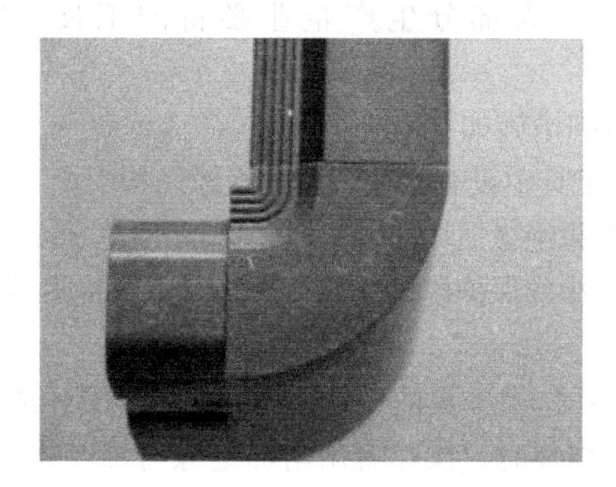

图 2-42　铝材直角拐角接头

图 2-43　不同的型材对应使用的接头

钻尾螺钉是近年来的新发明，也叫自攻螺钉，如图2-44所示。

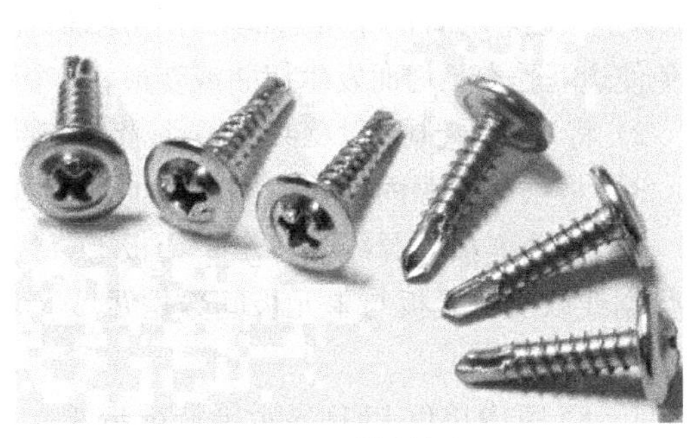

图2-44　钻尾螺钉

钻尾螺钉的前端有自攻钻孔头，呈钻尾或尖尾状，无须辅助加工，可直接在设置材料和基础材料上钻孔、攻螺纹、锁紧，大幅度节约施工时间。与普通螺钉比较，其韧拔力和维持力高，组合后不易松动。

钻尾螺钉主要用在钢结构的彩钢瓦固定上也可用于简易建筑的薄板材固定。它的材质有铁、不锈钢两种，其中不锈钢又分为多种材质。其型号有分别有Φ4.2mm、Φ4.8mm、Φ5.5mm、Φ6.3mm，具体长度可根据要求制作。根据钻尾不同，它又可分为圆头米字、十字、梅花，沉头（平头）、米字、十字、梅花，六角华司，圆头华司（大扁头），喇叭头等。

3. F5室内单色LED显示屏边框制作

制作过程如下：

1）首先将边框铝材按具体长度要求用铝材切割机裁好。裁出975mm×45mm×90mm铝材两根，作为上下水平边框；490mm×45mm×90mm铝材两根，作为左右竖直边框。

图2-45　钻尾螺钉固定在拐角接头盒边框的重叠处

2）将拐角接头两端分别插入铝材边框中，使边框初步成型。对应选取4个规格为45mm×45mm×90mm带楔头的拐角接头插入对应水平与竖直方向上的边框中。

3）最后将钻尾螺钉固定在拐角接头盒边框的重叠处。把16个钻尾螺钉分为4组，每组4个，分别用在4个拐角接头处，对应一个拐角接头来说，2个自攻螺钉固定在水平铝材与水平方向楔头的重叠处，内侧与外侧各一个，沿竖直方向钻入，另2个自攻螺钉固定在竖直铝材与竖直方向楔头的重叠处，内侧与外侧各一个，沿水平方向钻入，如图2-45所示。

2.5.9　F5室内单色LED显示屏组装与调试

目的：认识F5室内单色LED显示屏，能按照要求组装出条屏并完成条屏的调试。

重点：条屏的组装与调试。

相关知识点：

1）F5室内单色LED显示屏的组装。

2）F5室内单色LED显示屏的调试。

1. F5 室内单色 LED 显示屏组装步骤

1）在已经做好的条屏边框后用钻尾螺钉固定 3 个铁质背条。注意背条放置方向严格竖直，以免使边框受力不均而发生扭曲或变形，2 个钻尾螺钉分别固定在上下水平条屏边框的背部。

2）将 HD-M 控制卡以及 4 块单元板背面组装上螺钉和磁铁并将单元板按正确方向固定在背条上。

3）将条屏电源固定在条屏边框上。

4）正确连接电源线到各个单元板上，连接控制卡与 PC 间数据传输线，控制卡与单元板间数据线以及单元板与单元板间数据线。

5）封装背板。

2. F5 室内单色 LED 显示屏调试步骤

单击文件选项卡中“打开”选项，如图 2-46 所示。

选中对应范例（.hd）文件 范例.hd 将其打开，单击 发送 将实例发送至显示屏中，若显示正常，LED 显示屏调试完毕。

图 2-46 文件选项卡中“打开”选项

2.5.10 F5 室内单色 LED 显示屏软件使用

目的：使学生能够对 HD 系列显示控制卡的调试软件 HD2010 熟练使用，并能按照要求完成对条屏字幕的设计。

重点：HD2010 调试软件的熟练使用。

相关知识点：

1）显示屏、节目、字幕的创建以及屏参的设置。

2）字幕大小，形式以及效果的设计。

对于 LED 显示屏，我们使用的操作播放软件主要取决于驱动显示屏的控制卡，本项目选用 HD-M 卡，以下就对该操作播放软件做介绍。

① 单击软件图标 HD2010.exe 进入 HD2010 调试软件窗口界面，如图 2-47 所示。

② 建立显示屏文件：在文件选项卡中选择新建显示屏，如图 2-48 所示。

显示屏建立完毕如图 2-49 所示。

此处需要将模块选为 HD-M，亮度设置为默认，屏宽选为 128，屏高选为 64，颜色为单基色，如图 2-50 所示。

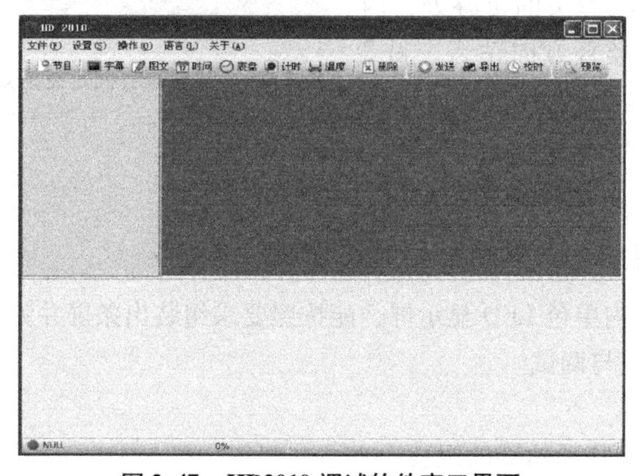

图 2-47 HD2010 调试软件窗口界面

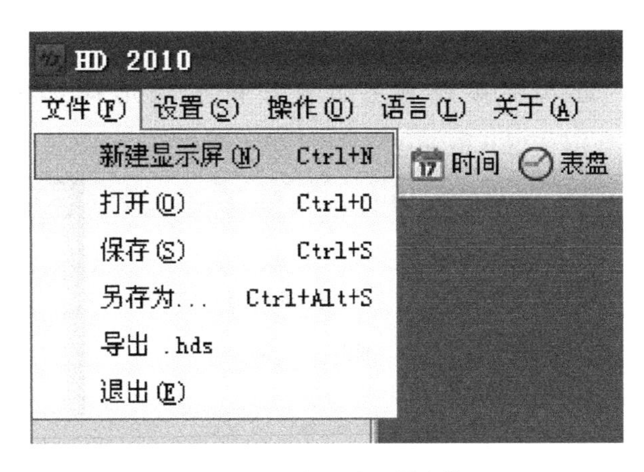

图 2-48　建立显示屏文件

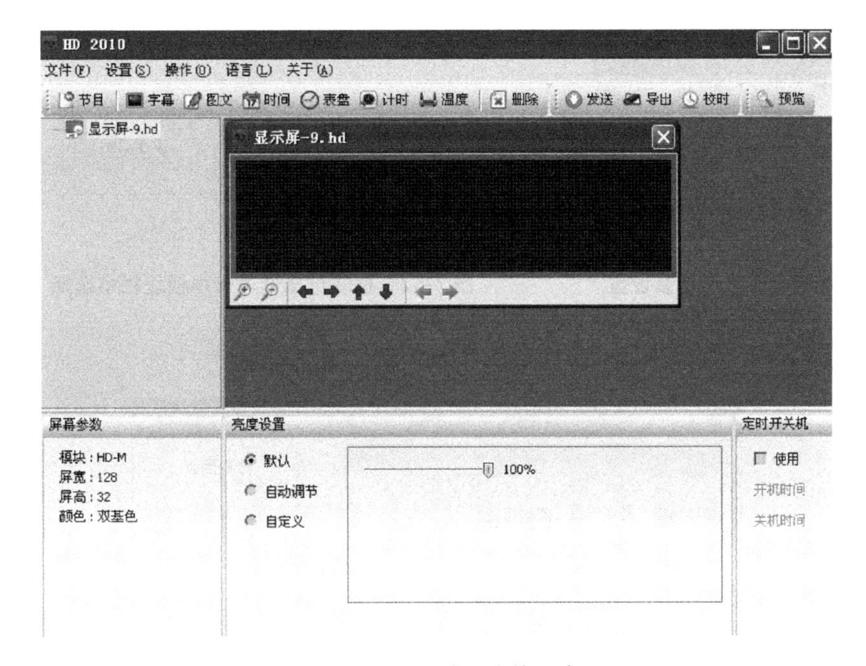

图 2-49　显示屏建立完毕示意图

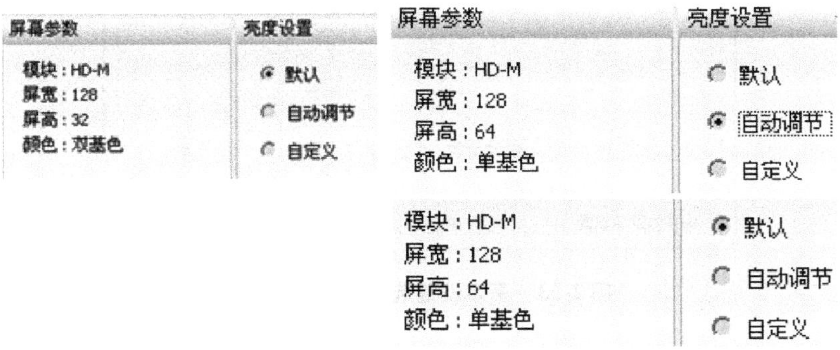

图 2-50　模块参数的选择

单击设置选项卡中“屏参设置”，如图 2-51 所示。

如图 2-52 所示，进入屏参设置界面，并在模块选择选项卡中模块栏中选择HD-M。

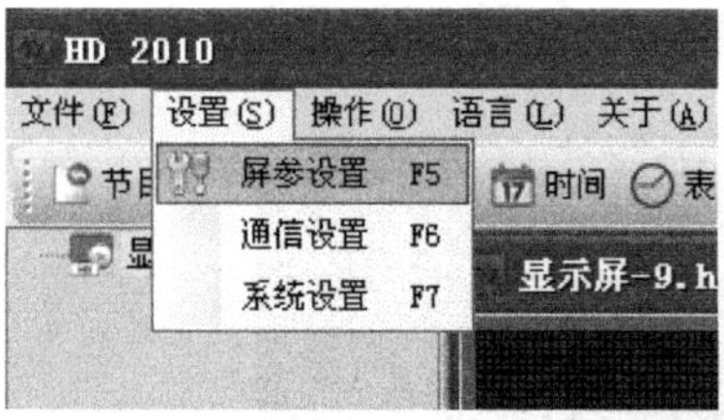

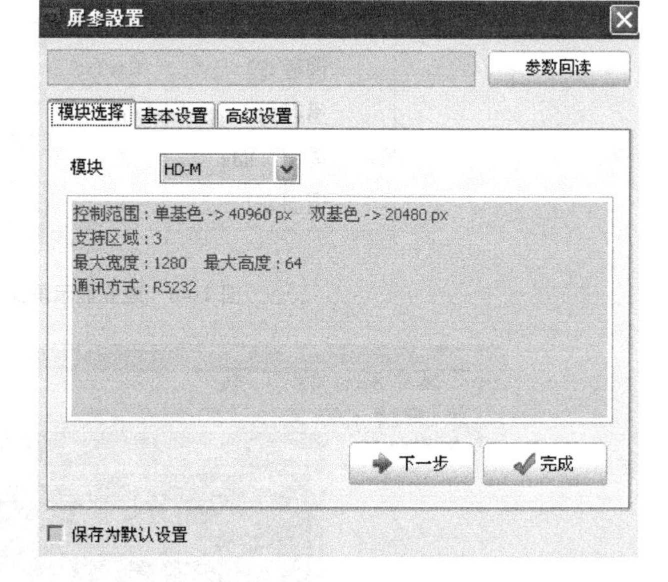

图 2-51 设置选项卡中“屏参设置”

图 2-52 模块选择选项卡中模块栏中选择“HD-M”

在基本设置选项卡中如图 2-53 设置。

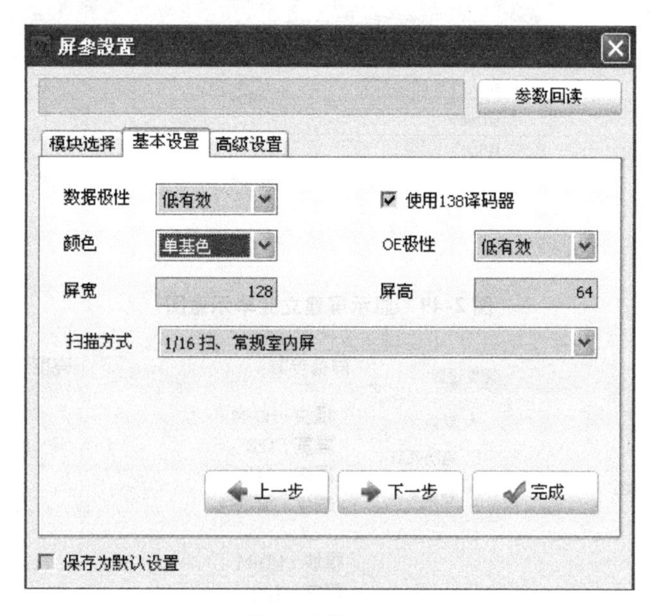

图 2-53 基本设置选项卡中“设置”

单击完成，如图 2-54 所示。

我们会发现屏幕参数已经改变，如图 2-55 所示，显示屏-9. hd 大小也发生改变，高度由原来的 32 变为了 64。

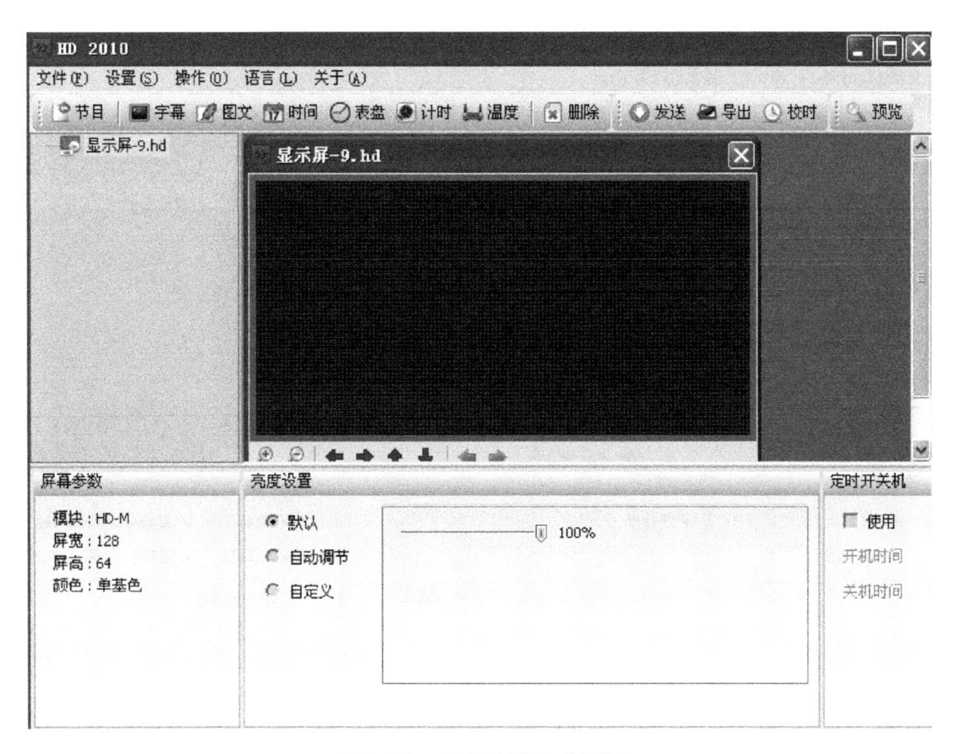

图 2-54　基本设置完成界面

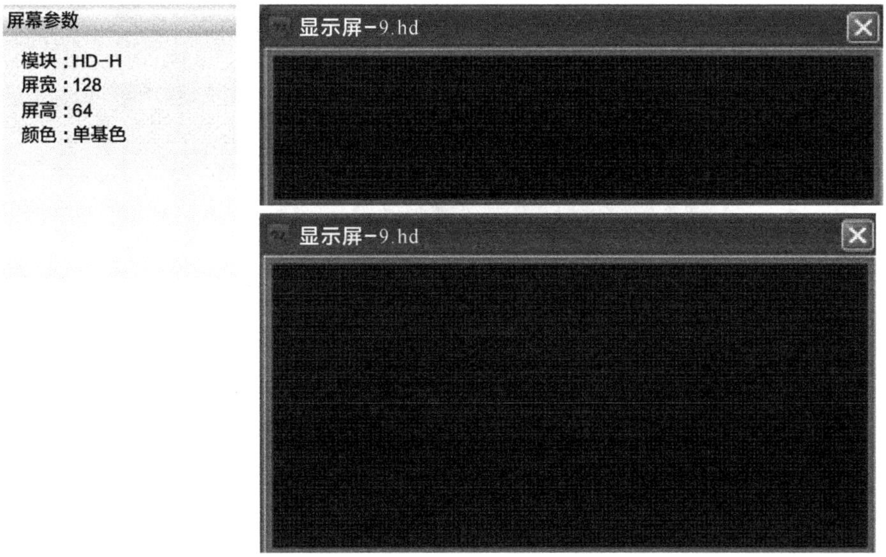

图 2-55　屏幕参数改变示意图

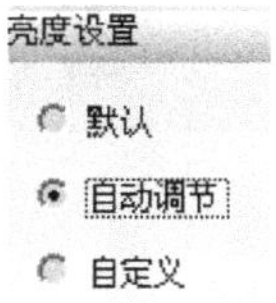

亮度设置
默认
自动调节
自定义

图 2-56　亮度设置选为“自动调节”

将亮度设置选为自动调节，如图 2-56 所示。

③ 单击节目 节目。新建节目完成，这里可以对边框进行设置，如图 2-57 所示。

④ 单击字幕 字幕，如图 2-58 所示。

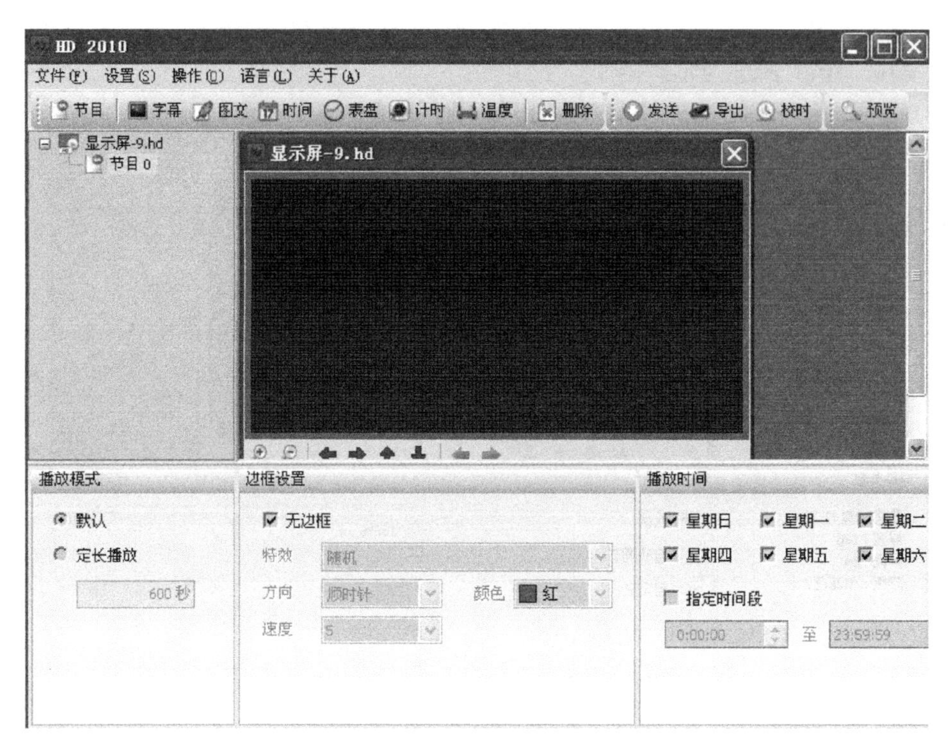

图 2-57　对边框进行设置

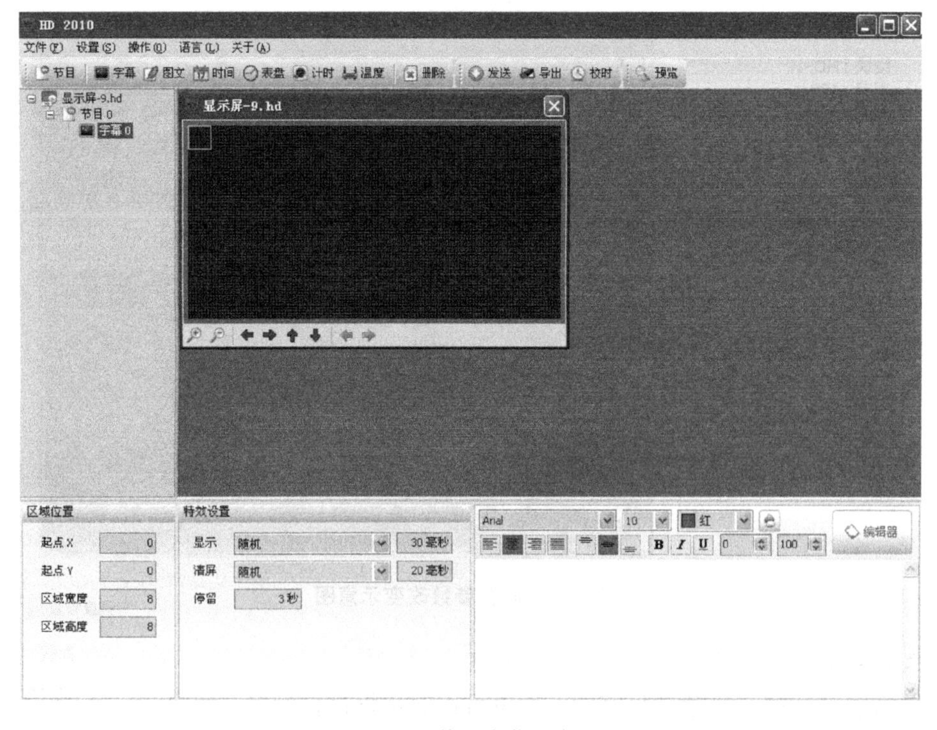

图 2-58　单击字幕示意图

字幕参数的设置如图 2-59 所示，此处将区域宽度设置为 128，区域高度设置为 64，显示设置为连续左移，停留设置为0s，汉字部分输入“大连电子学校”，字号46。

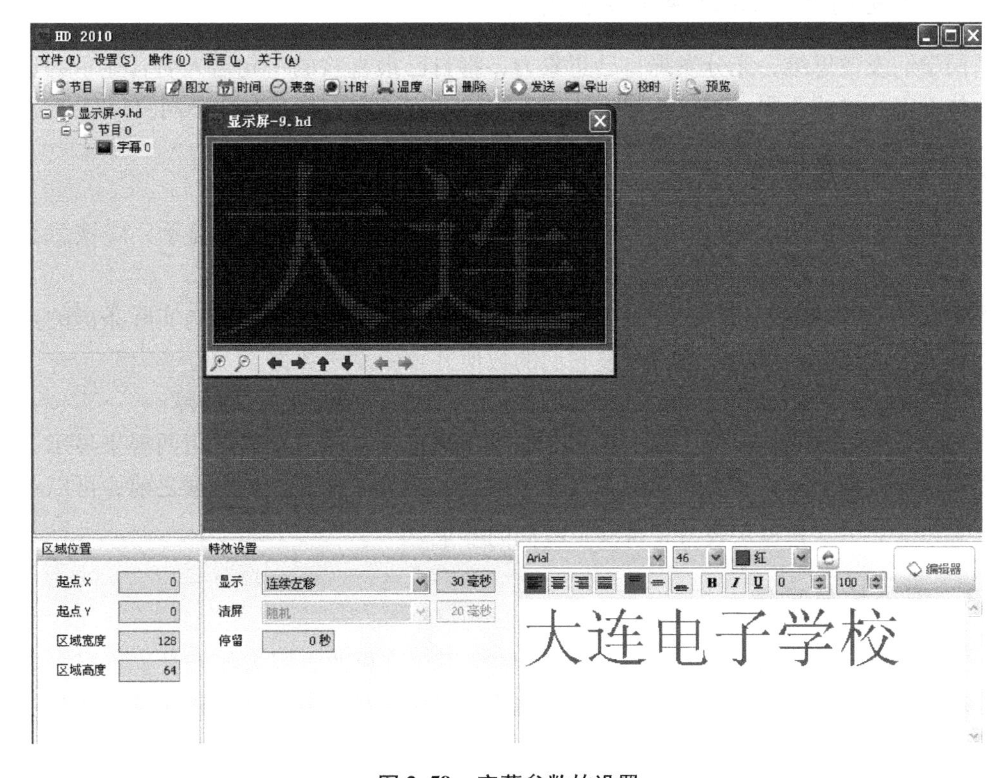

图2-59 字幕参数的设置

⑤ 通信设置：单击设置栏中通信设置，如图2-60所示。

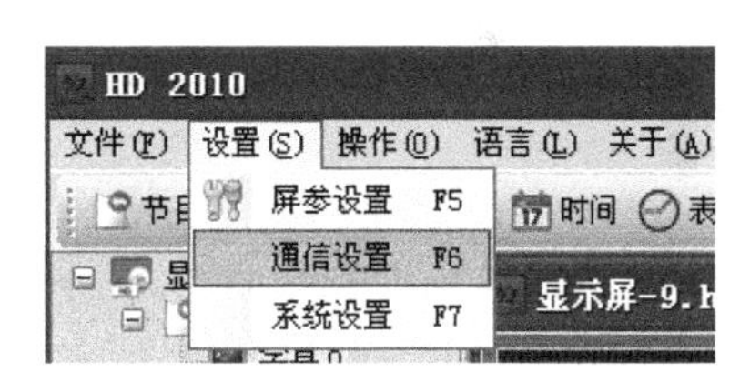

图2-60 单击设置栏中通信设置

如图2-61所示，进入通信设置窗口，串口处选择所连接电脑的串口号，默认COM1，波特率选项更改为57600，设置完毕后关闭窗口。

⑥ 单击发送 发送 出现发送界面，如图2-62所示。

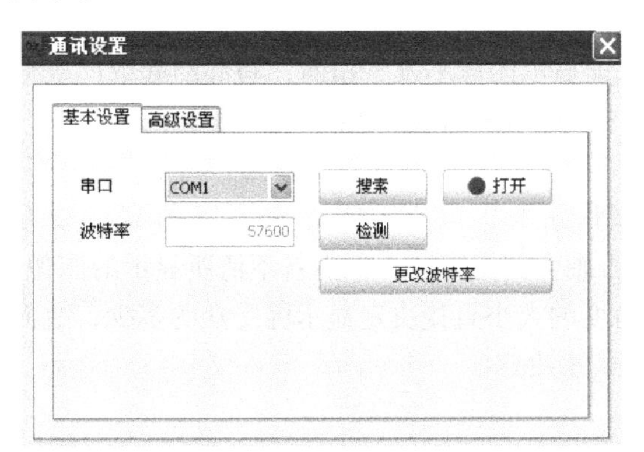

图2-61 通信设置窗口

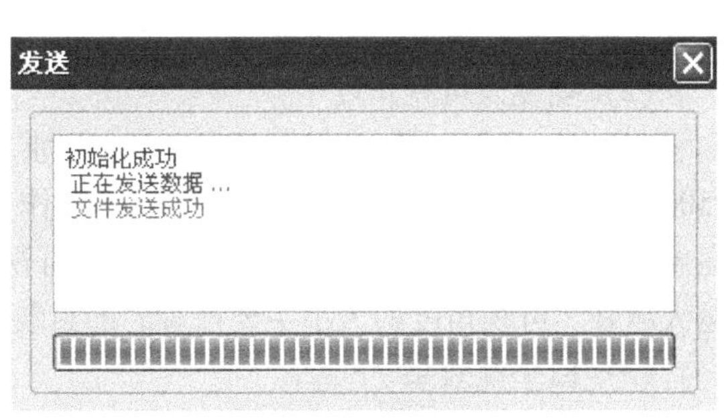

图2-62 发送界面

2.5.11 F5室内单色LED条屏字幕的变换

请同学们发散思维，充分发挥自己想象力，将自己最喜欢的一句名人名言显示到显示屏上，字体不限、样式不限、边框不限、速度不限、清屏不限，做到与众不同。

2.5.12 常见故障排除

1）如果在操作中发现显示屏只有上半屏显示，下半屏花屏或者不显示，应该怎么排除故障？

查看软件中区域宽度和区域高度的选项，检查一下二者的数值是否与实际条屏的点数对应，如果不对应，则在屏参设置中调整它们的数值并重新发送数据。

2）如果在操作中发现显示屏一屏内信息显示不全，应该如何排除故障？

查看字号是否过大，或者编辑的字幕已经超出屏幕显示范围，需要用两屏来显示，此时可以根据需要改变字号，或者平均屏幕内显示内容，另外在每次发送数据之前，可以单击预览 预览 来看一下字幕显示效果是否满足我们的要求。

2.5.13 课外信息采集

1）在显示屏的参数设置中，有一项扫描频率不允许更改，因为如果设置不当，会使显示屏烧坏，那么如果自己设置，这个刷新频率应该是应该越大越好还是越小越好还是和什么有关呢？

2）在不调整屏参的前提下，同学们能否发掘下软件的其他功能，将自己制作的字幕加上漂亮的边框。

3）将一张纯黑白的图片发送至条屏上。

任务6 项目验收与考核

2.6.1 评估LED显示屏的好坏

（1）平整度

显示屏的表面平整度要在±1mm以内，以保证显示图像不发生扭曲，局部凸起或凹进会导致显示屏的可视角度出现死角。平整度的好坏主要由生产工艺决定。

（2）亮度及可视角度

室内全彩屏的亮度要在800cd/m^2（烛光/平方米）以上，室外全彩屏的亮度要在1500cd/m^{2}以上，才能保证显示屏的正常工作，否则会因为亮度太低而看不清所显示的图像。亮度的大小主要由LED管芯的好坏决定。可视角度的大小直接决定显示屏受众的多少，故而越大越好。可视角度的大小主要由管芯的封装方式来决定。

（3）白平衡效果

白平衡效果是显示屏最重要的指标之一。

色彩学上当红绿蓝三原色的比例为3:6:1时才会显示出纯正的白色，如果实际比例有一点偏差则会出现白平衡的偏差，一般要注意白色是否有偏蓝色，偏黄绿色现象。白平衡的好坏主要由显示屏的控制系统来决定，管芯对色彩的还原性也有影响。

(4) 色彩的还原性

色彩的还原性是指显示屏对色彩的还原性，既显示屏显示的色彩要与播放源的色彩保持高度一致，这样才能保证图像的真实感。

(5) 有无马赛克、死点现象

马赛克是指显示屏上出现的常亮或常黑的小四方块，既模组坏死现象，其主要原因为显示屏所采用的接插件质量不过关。死点是指显示屏上出现的常亮或常黑的单个点，死点的多少主要由管芯的好坏来决定。

(6) 有无色块

色块是指相邻模组之间存在较明显的色差，颜色的过渡以模块为单位了，引起色块现象主要是由控制系统较差，灰度等级不高，扫描频率较低造成的。

2.6.2　检查F5室内单色LED显示屏硬件选型、信号连线

按照表2-8，完成学生自查和互查，教师指导、评价。

表2-8　项目检查、验收评价表

评价内容		成绩评定		
项目内容	比例	学生自评 30%	学生互评 30%	教师评价 40%
LED显示屏单元板的规格选择合适	10%			
LED显示屏单元板的尺寸选择合适	10%			
LED显示屏单元板的主要参数选择合适	10%			
LED显示屏单元板的独立电源选择合适	10%			
LED显示屏单元板、控制卡、独立电源及其信号连接线正确	30%			
项目实施过程中常见故障的排除	30%			
成绩总评：				

2.6.3　检查F5室内单色LED显示屏控制卡安装

按照表2-9，完成学生自查和互查，教师指导、评价。

表2-9　项目检查、验收评价表

评价内容		成绩评定		
项目内容	比例	学生自评 30%	学生互评 30%	教师评价 40%
LED显示屏控制卡的型号选择合适	10%			
LED显示屏控制卡的功能选择合适	10%			
LED显示屏控制卡的主要参数选择合适	10%			

（续）

评 价 内 容		成 绩 评 定		
项 目 内 容	比例	学生自评 30%	学生互评 30%	教师评价 40%
LED 显示屏控制卡的位置安装合适	10%			
LED 显示屏控制卡信号连接线正确	30%			
项目实施过程中常见故障的排除	30%			
成绩总评：				

2.6.4 检查 F5 室内单色 LED 显示屏字幕显示与变换功能

按照表 2-10，完成学生自查和互查，教师指导、评价。

表 2-10 项目检查、验收评价表

评 价 内 容		成 绩 评 定		
项 目 内 容	比例	学生自评 30%	学生互评 30%	教师评价 40%
LED 显示屏整体结构合理	10%			
LED 显示屏单元板对接正确、美观大方	10%			
LED 显示屏边框制做尺寸合适	10%			
LED 显示屏独立电源的位置安装合适	10%			
LED 显示屏实现字幕显示	30%			
LED 显示屏实现字幕显示变换	30%			
成绩总评：				

项目安装完工后，在学生自查和互查，教师指导、评价的基础上，根据如表 2-11 所示的验收表进行项目验收。

表 2-11 项目验收表

<table>
<tr><td colspan="3" rowspan="2">项目验收单</td><td colspan="2">项 目 名 称</td><td>项目承接人</td><td colspan="2">编 号</td></tr>
<tr><td colspan="2">室内视屏幕场制作</td><td></td><td colspan="2"></td></tr>
<tr><td>验 收 人</td><td colspan="2"></td><td>验收开始时间</td><td></td><td>验收结束时间</td><td colspan="2"></td></tr>
<tr><td colspan="6">验 收 内 容</td><td>是</td><td>否</td></tr>
<tr><td colspan="2" rowspan="6">一、F5 室内单色 LED 显示屏硬件选型、信号连线</td><td colspan="4">1. 会选择 LED 显示屏单元板的规格</td><td></td><td></td></tr>
<tr><td colspan="4">2. 会选择 LED 显示屏单元板的尺寸</td><td></td><td></td></tr>
<tr><td colspan="4">3. 会选择 LED 显示屏单元板的主要参数</td><td></td><td></td></tr>
<tr><td colspan="4">4. 会选择 LED 显示屏单元板的独立电源</td><td></td><td></td></tr>
<tr><td colspan="4">5. 完成 LED 显示屏单元板、控制卡、独立电源及其信号连接线</td><td></td><td></td></tr>
<tr><td colspan="4">6. 完成项目实施过程中常见故障的排除</td><td></td><td></td></tr>
</table>

（续）

<table>
<tr><td colspan="2" rowspan="2">项目验收单</td><td colspan="2">项 目 名 称</td><td>项目承接人</td><td colspan="2">编　号</td></tr>
<tr><td colspan="2">室内视屏幕场制作</td><td></td><td colspan="2"></td></tr>
<tr><td>验　收　人</td><td></td><td>验收开始时间</td><td></td><td>验收结束时间</td><td colspan="2"></td></tr>
<tr><td colspan="5">验 收 内 容</td><td>是</td><td>否</td></tr>
<tr><td colspan="2" rowspan="6">二、F5 室内单色 LED 显示屏控制卡安装</td><td colspan="3">1. 会选择 LED 显示屏控制卡的型号</td><td></td><td></td></tr>
<tr><td colspan="3">2. 会选择 LED 显示屏控制卡的功能</td><td></td><td></td></tr>
<tr><td colspan="3">3. 会选择 LED 显示屏控制卡的主要参数</td><td></td><td></td></tr>
<tr><td colspan="3">4. 能正确安装 LED 显示屏控制卡的位置</td><td></td><td></td></tr>
<tr><td colspan="3">5. 完成 LED 显示屏控制卡信号连接线</td><td></td><td></td></tr>
<tr><td colspan="3">6. 完成项目实施过程中常见故障的排除</td><td></td><td></td></tr>
<tr><td colspan="2" rowspan="6">三、F5 室内单色 LED 显示屏字幕显示与变换功能</td><td colspan="3">1. 会设计 LED 显示屏整体结构</td><td></td><td></td></tr>
<tr><td colspan="3">2. 完成 LED 显示屏单元板正确对接，且美观大方</td><td></td><td></td></tr>
<tr><td colspan="3">3. 完成 LED 显示屏边框制做，且尺寸合适</td><td></td><td></td></tr>
<tr><td colspan="3">4. 完成 LED 显示屏独立电源的位置正确安装</td><td></td><td></td></tr>
<tr><td colspan="3">5. LED 显示屏实现字幕显示</td><td></td><td></td></tr>
<tr><td colspan="3">6. LED 显示屏实现字幕显示变换</td><td></td><td></td></tr>
<tr><td colspan="2" rowspan="5">四、安全文明操作</td><td colspan="3">1. 必须穿戴劳动防护用品</td><td></td><td></td></tr>
<tr><td colspan="3">2. 遵守劳动纪律，注意培养一丝不苟的敬业精神</td><td></td><td></td></tr>
<tr><td colspan="3">3. 注意安全用电，严格遵守本专业操作规程</td><td></td><td></td></tr>
<tr><td colspan="3">4. 保持工位文明整洁，符合安全文明生产</td><td></td><td></td></tr>
<tr><td colspan="3">5. 工具仪表摆放规范整齐，仪表完好无损</td><td></td><td></td></tr>
<tr><td colspan="2">五、实施项目过程简述</td><td colspan="5"></td></tr>
<tr><td colspan="2">六、项目展示说明</td><td colspan="5"></td></tr>
<tr><td colspan="2">项目承接人签名</td><td></td><td>检查人签名</td><td></td><td>教师签名</td><td></td></tr>
</table>

2.6.5　LED 显示屏专业术语

（1）像素点，像素直径，像素间距（如图 2-63 所示）

像素点：LED 显示屏的最小发光单位，LED 显示屏中的每一个可被单独控制的发光单元称为像素点。

像素直径：像素直径 Φ 是指每一个 LED 发光像素点的直径，单位为 mm。

像素间距：LED 显示屏的两像素间的中心距离称为像素间距，又叫点间距。点间距越密，在单位面积内像素密

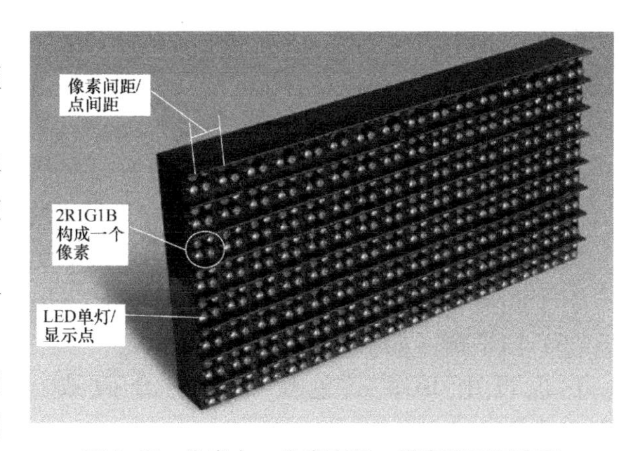

图 2-63　像素点、像素直径、像素间距示意图

度就越高，分辨率亦高，成本也高。像素直径越小，点间距就越小。

（2）分辨率（如图 2-64 所示）

模组分辨率：LED 模组横向像素点数乘以纵向像素点数。

屏体分辨率：LED 显示屏横向像素点数乘以纵向像素点数。

屏幕的分辨率越高，可以显示的内容越多，画面越细腻，但是分辨率越高，造价也就越昂贵。

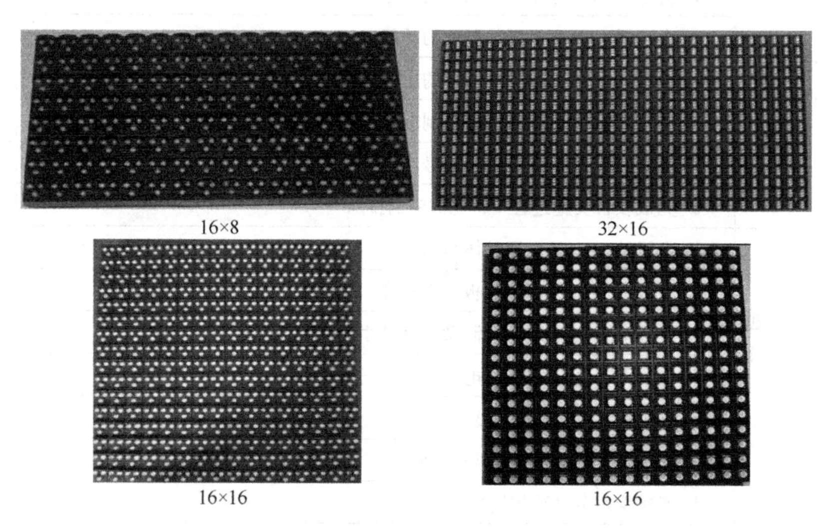

图 2-64 分辨率示意图

（3）亮度

亮度：在给定方向上，每单位面积上的发光强度。亮度的单位是 cd/m^2（烛光/平方米）。

亮度与单位面积的 LED 数量、LED 本身的亮度成正比。LED 的亮度与其驱动电流成正比，但寿命与其电流的平方成反比，所以不能为了追求亮度过分提高驱动电流。

在同等点密度下，LED 显示屏的亮度取决于所采用的 LED 晶片的材质、封装形式和尺寸大小，晶片越大，亮度越高；反之，亮度越低。

（4）灰度

灰度：LED 显示屏同一级亮度中从最暗到最亮之间能区别的亮度级数。用于显示视频画面的显示屏，每种基色应具有 256 级（8bit）的灰度处理能力。

（5）对比度

对比度：在一定的环境照度下，LED 显示屏最大亮度和背景亮度的比值。

对比度 = 发光时的亮度（发光亮度）/不发光时的亮度（反射亮度）

为了能够显示出亮度均一的文字和图像，不受周围光线的影响，屏幕应具有足够的对比度。对于 LED 显示屏，对比度要达到 4096:1 以上效果才好。

（6）白平衡（如图 2-65 所示）

白色可由 RGB 三色按比例混合而成，RGB 所占比例为 3:6:1（精确比为3.0:5.9:1.1）。

(7) 像素失控率

像素失控率：指显示屏的最小成像单元（像素）工作不正常（失控）所占的比例。

像素失控有两种模式：

1) 盲点，也就是瞎点，在需要亮的时候它不亮，称之为盲点。

2) 常亮点，在需要不亮的时候它反而一直在亮着，称之为常亮点。

一般地，像素的组成有 2R1G1B（2 颗红灯、1 颗绿灯和 1 颗蓝灯）、1R1G1B、2R1G 等，而失控一般不会是同一个像素里的红、绿、蓝灯同时全部失控，但只要其中一颗灯失控，我们即认为此像素失控。

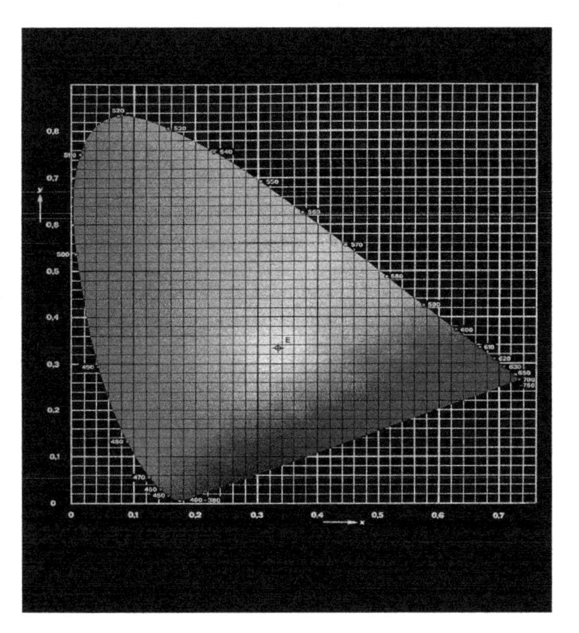

图 2-65 白平衡示意图

(8) 换帧频率（refresh frame frequency）

换帧频率：单位时间内显示屏画面信息更新的次数；一般为 25Hz、30Hz、50Hz、60Hz 等，换帧频率越高，变化的图像连续性越好。

(9) 刷新频率（refresh frequency）

刷新频率：LED 显示屏显示数据每秒钟被重复显示的次数。常为 60Hz、120Hz、240Hz 等，刷新频率越高，图像显示越稳定。

(10) 视角（如图 2-66 所示）

视角：观察方向的亮度下降到 LED 显示屏法线方向亮度的 1/2 时，同一平面两个观察方向与法线所成的夹角，分为水平视角和垂直视角。

LED 晶片的封装方式决定 LED 显示屏的视角的大小，其中，表贴 LED 灯的视角较好，椭圆形 LED 单灯水平视角比较好。

(11) 最佳视距、最小视距

最佳视距：是能刚好完整地看到显示屏上的内容，且不偏色，图像内容最清晰的位置相对于屏体的垂直距离。

最小视距：对于具有一定形状、亮度、距离的两个光点，无法分辨该两点的位置点到该两点的最小垂直距离。最佳可视距离 = 点间距/(0.3 ~ 0.8)，这是一个大概的范围。例如，点间距 16mm 的显示屏，最佳可视距离就是 20 ~ 54m，站的距离比最小距离近了，就能够分辨出显示屏的一个个的像素点，颗粒感比较强，站得远了人眼就分辨不出细部的特征。

对于室外 LED 显示屏，距离近的，一般采用 P10 或者 P12，远一点的用 P16 或者 P20，而对于室内显示屏，一般 P4 ~ P6 皆可，远一点的用到 P7.62 或者 P10。

(12) 平整度（level up degree）

平整度：如图 2-67 所示，发光二极管、像素、显示模块、显示模组在组成 LED 显示屏平面时的凹凸偏差。LED 显示屏的平整度不好易导致观看时，屏体颜色不均匀。

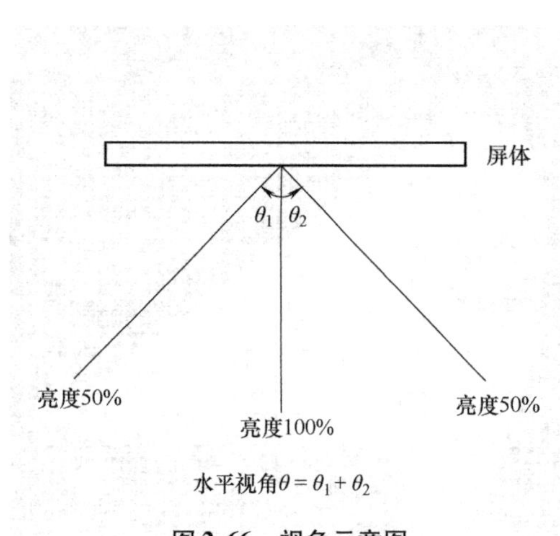

图 2-66　视角示意图

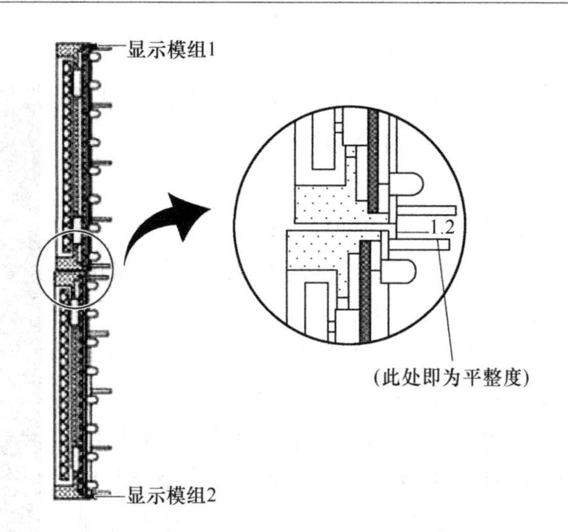

图 2-67　平整度示意图

项目 2　考核评价表

学期：　　　　　　　班级：　　　　　　　　　考核日期：　年　月　日

项目名称			室内视屏幕场制作	项目承接人					
考核内容及分值				项目分值	自我评价	小组评价	教师评价	企业评价	综合评价
专业能力80%	工作准备的质量评估	知识准备	1. 掌握 LED 显示屏的组成，了解 LED 显示屏的分类 2. 根据 LED 显示屏的基本构成做出框图 3. 了解硬件系统电路原理，掌握系统连线控制方式 4. 学会简易 LED 条屏的制作 5. 了解 LED 应用举例及相关工具 6. 了解 F5 室内单色 LED 显示屏单元板的规格 7. 掌握 F5 室内单色 LED 显示屏的基本构成及其性能指标 8. 认识 F5 室内单色 LED 显示屏控制卡，并掌握控制卡的功能 9. 能够自己查询 F5 室内单色 LED 显示屏的结构、工作原理及接线方法	15					
		工作准备	1. F5 室内单色 LED 显示屏单元板、控制卡、信号线、独立电源等器材和工具、仪表的准备数量是否齐全 2. 显示屏制作辅助材料准备的质量和数量是否适用 3. 工作周围环境布置是否合理、安全	5					

（续）

<table>
<tr><td colspan="3">项 目 名 称</td><td>室内视屏幕场制作</td><td colspan="3">项目承接人</td><td colspan="3"></td></tr>
<tr><td colspan="4">考核内容及分值</td><td>项目分值</td><td>自我评价</td><td>小组评价</td><td>教师评价</td><td>企业评价</td><td>综合评价</td></tr>
<tr><td rowspan="3">专业能力80%</td><td rowspan="3">工作过程各个环节的质量评估</td><td>硬件选型</td><td>1. 学会 F5 室内单色 LED 显示屏单元板的选型，并掌握其主要参数
2. 学会 F5 室内单色 LED 显示屏控制卡的选型，并掌握其主要参数、基本功能和典型应用
3. 认识 F5 室内单色 LED 显示屏电源，并学会选型
4. 掌握 F5 室内单色 LED 显示屏电源的主要参数并会应用
5. 认识 F5 室内单色 LED 显示屏外框，并学会其外框的选型
6. 掌握 F5 室内单色　LED 显示屏外框的规格、尺寸，并会应用</td><td>10</td><td></td><td></td><td></td><td></td><td></td></tr>
<tr><td>硬件安装接线</td><td>1. 学会 LED 显示屏电源完成电源线制作
2. 认识控制卡，掌握相关知识
3. 认识 LED 显示屏各种连线，学会排线（数据线）的制作，探讨 LED 显示屏如何布线
4. 完成 F5 室内单色 LED 显示屏边框制做
5. 在教师指导下，可完成 F5 室内单色 LED 显示屏组装与调试
6. 在教师指导下，可完成 F5 室内单色 LED 显示屏软件使用
7. 在教师指导下，可完成 F5 室内单色 LED 条屏字幕的变换
8. 可完成常见故障排除</td><td>20</td><td></td><td></td><td></td><td></td><td></td></tr>
<tr><td>整机调试与故障排除</td><td>1. 能够按照设计要求完成 F5 室内单色 LED 显示屏组装与调试
2. 能够按照设计要求完成 F5 室内单色 LED 条屏字幕的变换
3. 能够按照设计要求完成 F5 室内单色 LED 显示屏边框制做
4. 能够实现 F5 室内单色 LED 显示屏正常运行，并进行常见故障检查
5. 能排除 F5 室内单色 LED 显示屏外围器件和接线的常见故障</td><td>20</td><td></td><td></td><td></td><td></td><td></td></tr>
</table>

（续）

项目名称		室内视屏幕场制作	项目承接人						
考核内容及分值			项目分值	自我评价	小组评价	教师评价	企业评价	综合评价	
专业能力80%	工作成果的质量评估	1. 显示屏组装过程是否合理 2. 显示屏调试过程是否合理、规范 3. 显示屏字幕的变换功能能否实现 4. 环境是否整洁干净 5. 其他物品是否在工作中遭到损坏 6. 显示屏整体效果是否美观	10						
综合能力20%	信息收集能力	基础理论、收集和处理信息的能力；独立分析和思考问题的能力	5						
	交流沟通能力	F5 室内单色 LED 显示屏安装、调试总结 显示屏字幕的变换功能应用	5						
	分析问题能力	能够实现 F5 室内单色 LED 显示屏正常运行；能够排除 F5 室内单色 LED 显示屏外围器件和接线的常见故障	5						
	团结协作能力	小组中分工协作、团结合作能力	5						
总评			100						

承接人签字	小组长签字	教师签字	企业代表签字

项目验收后，即可交付用户。

项目小结

1．二极管简称 LED，是利用半导体 PN 结通电致发光原理产生红、绿、蓝颜色。

2．LED 类型

1）直插型；2）表贴三合一；3）表贴三拼一；4）点阵模块。

3．LED 显示系统

由计算机专用设备、显示屏幕、视频输入端口和系统软件等组成。

4．LED 条屏构成

单元板、电源、控制卡、连线。

5．LED 显示屏硬件系统的构成

LED 显示屏显示控制系统由主控电路、数据分配电路、LED 恒流驱动电路 3 部分组成。

6．F5 室内单色 LED 显示屏的基本构成主要由LED显示屏、LED显示屏控制器、控制微机、配电设备、光纤、视频外设、音频外设、LED显示屏安全防护系统及系统软件组成。

7. F5室内单色LED显示屏的性能指标

1）基色主波长误差；2）刷新频率；3）最大输出电流；4）恒流输出通道数；5）精确的电流输出；6）数据移位时钟。

8. LED显示屏专业术语

LED显示屏专业术语有像素点、像素直径、像素间距、模组分辨率、屏体分辨率、亮度、灰度、对比度、白平衡、像素失控率、换帧频率、刷新频率、视角、最佳视距、最小视距、平整度、静态驱动、扫描驱动、驱动芯片。

项目习题库

1. 什么是LED?
2. LED显示屏发展经历了哪3个阶段?
3. LED显示屏以突出的优势成为平板显示的主流产品之一，并在社会经济的许多领域得到广泛应用，主要包括哪些方面?
4. LED常用材料及其发光颜色?
5. LED类型有哪些?
6. LED显示屏组成有哪些?
7. LED条屏屏幕的组成有哪些?
8. LED显示屏的分类有哪些?
9. LED显示屏硬件系统的构成有哪些?
10. LED显示屏显示系统构成有哪些?
11. LED显示屏控制系统构成有哪些?
12. LED显示屏编辑系统构成是什么?
13. LED显示屏运行环境智能监控与保护系统构成有什么?
14. 做出硬件系统原理框图，并做相应说明。
15. 通过相关网络查询和各种技术资料、杂志了解LED显示屏有哪些应用。
16. F5室内单色LED显示屏主要技术参数有哪些?
17. 做图说明F5室内单色LED显示屏的基本构成。
18. F5室内单色LED显示屏的性能指标有哪些?
19. F5室内单色LED显示屏控制卡的功能有哪些?
20. 选择室内单色单元板还需要考虑哪些主要因素?
21. F5室内单色LED显示屏单元板技术指标有哪些?
22. LED显示屏控制器可分为哪两类? 它们的各自作用是什么?
23. F5室内单色LED显示屏控制卡的主要参数有哪些?
24. F5室内单色LED显示屏电源的主要参数有哪些?
25. F5室内单色LED显示屏外框的规格、尺寸是什么?
26. 常用的LED接口行业编号：16PIN08接口。它们的接口顺序是? 并做相应说明。
27. 现需制作4块单元板组成的128×64点F5室内单色LED显示屏边框，请同学们写出具体操作步骤以及使用材料的规格和个数。

28．简述 F5 室内单色 LED 显示屏组装过程。

29．实现 F5 室内单色 LED 条屏字幕的变换。

30．如果在操作中发现显示屏只有上半屏显示，下半屏花屏或者不显示，应该怎么排除故障？

31．如果在操作中发现显示屏一屏内信息显示不全，应该如何排除故障？

32．评估 LED 显示屏的好坏的指标有哪些？

33．LED 显示屏专业术语有哪些？

项目 3　室外信息显示屏制作

[知识目标]

1. 掌握 P10 室外单色 LED 显示屏的分类、基本组成及其构成框图。
2. 了解 P10 室外单色 LED 显示屏的应用。

[技能目标]

1. 正确选择 LED 显示屏单元板、控制卡、独立电源及其信号连接线。
2. 实现 P10 室外单色 LED 显示屏组装与调试，并排除常见故障。
3. 利用控制卡实现 P10 室外单色 LED 显示屏字幕的变换。

任务 1　认识 LED 室外信息显示屏

3.1.1　P10 室外单色 LED 显示屏

如图 3-1 为 P10 室外单色 LED 显示屏正常工作时显示图例。

图 3-1　P10 室外单色 LED 显示屏显示图例

3.1.2　P10 室外单色 LED 显示屏应用

通过相关网络查询和各种技术资料、杂志了解 LED 显示屏有哪些应用。

主要应用包括：证券交易、金融信息显示；机场航班动态信息显示；港口、车站旅客引导信息显示；体育场馆信息显示；道路交通信息显示；调度指挥中心信息显示；邮政、电信、商场购物中心等服务领域的业务宣传及信息显示；广告媒体新产品；演出和集会；展览会等。

任务2 项目任务书

3.2.1 P10 室外单色 LED 显示屏构成和接线

P10 室外单色 LED 显示屏正面、背面图及其接线图如图 3-2 所示。

a) P10室外单色LED显示屏正面图

b) P10室外单色LED显示屏背面图

c) P10室外单色LED显示屏背面接线图

图 3-2 **P10** 室外单色 **LED** 显示屏正、背面图及其接线图

P10 室外单色 LED 显示屏单元板及其结构如图 3-3 所示。

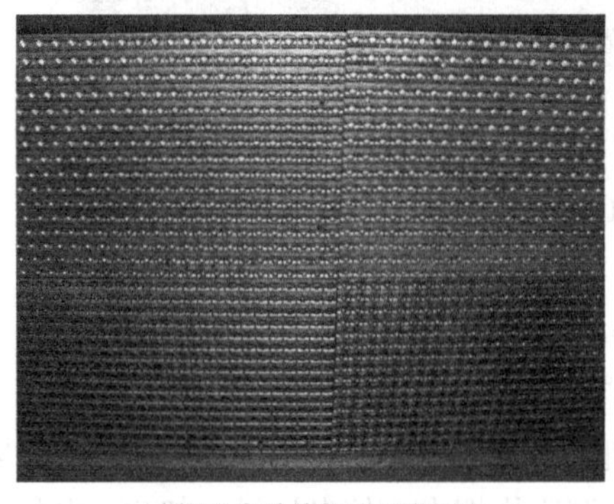

a) P10 室外单色LED显示屏

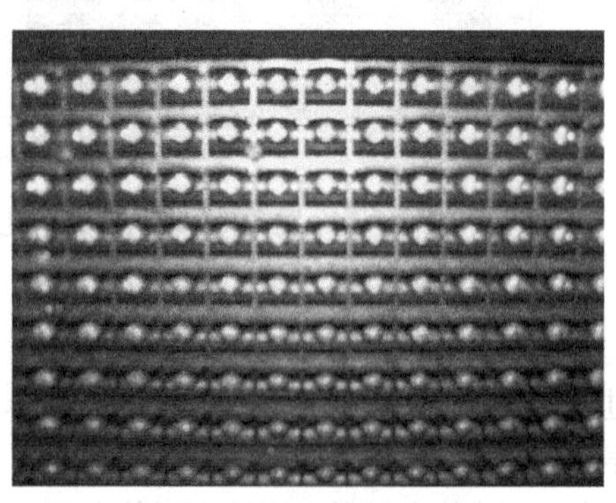

b) P10室外单色LED单元板

图 3-3 **P10** 室外单色 **LED** 显示屏单元板及其结构图

c) P10 室外单色LED显示屏显示字体

d) P10室外单色LED背面接线

图 3-3 P10 室外单色 LED 显示屏单元板及其结构图（续）

3.2.2 项目任务书

项目任务书如表 3-1 所示。

表 3-1 项目任务书

序 号	内 容
1	掌握 P10 室外单色 LED 显示屏单元板的主要参数，并完成选型
2	掌握 P10 室外单色 LED 显示屏控制卡的主要参数，并完成选型
3	掌握 P10 室外单色 LED 显示屏电源的主要参数，并完成选型
4	学会 P10 室外单色 LED 显示屏外框的规格、尺寸的选择，并会制作
5	熟悉 P10 室外单色 LED 显示屏组装与调试要求
6	完成 P10 室外单色 LED 显示屏组装与调试
7	完成 P10 室外单色 LED 显示屏软件使用
8	实现 P10 室外单色 LED 条屏字幕的变换
9	学会 P10 室外单色 LED 条屏常见故障的检查和排除

任务3 信息收集

3.3.1 P10 室外单色 LED 显示屏的基本组成

本系统由计算机专用设备、显示屏幕、视频输入端口和系统软件等组成（可以参见项目 2 相关内容）。

计算机及专用设备：计算机及专用设备直接决定了系统的功能，可根据用户对系统的不同要求选择不同的类型。

显示屏幕：显示屏的控制电路接收来自计算机的显示信号，驱动 LED 发光产生画面，并通过增加功放、音箱输出声音。

视频输入端口：提供视频输入端口，信号源可以是录像机、影碟机、摄像机等，支持

NTSC、PAL、S_Video 等多种制式。

系统软件：提供 LED 播放专用软件，PowerPoint 或 ES98 视频播放软件。

3.3.2 万用表测试 LED 点阵模块

【器材】8×8LED 显示模块，其中共阴极、共阳极各 1 块，数字万用表 1 台。

【步骤】

1）将数字万用表转换开关拨到二极管挡。

2）将红表笔放在某个管脚上，黑表笔分别按顺序接在其他各管脚上测试，同时观察 LED 显示屏是否有某点被点亮。如果发现没有任何 LED 被点亮，则调换红、黑表笔再按上述方法测试，如果发现有 LED 被点亮，则这时红、黑表笔对应的管脚正是被点亮 LED 所在的行列位置及正负极关系。把这个对应关系记下来，再测试下一个管脚。

3）画出被测 LED 显示模块的管脚图并指出是共阴极还是共阳极的。

4）检查各像素是否正常发亮，以及发亮是否均匀。

3.3.3 LED 产品相关知识

（1）光通量（lm）

由于人眼对不同波长的电磁波具有不同的灵敏度，不能直接用光源的辐射功率或辐射通量来衡量光能量，必须采用以人眼对光的感觉量为基准的单位——光通量来衡量。光通量用符号 Φ 表示，单位为流明（lm）。

（2）发光强度（cd）

光通量是说明某一光源向四周空间发射出的总光能量。不同光源发出的光通量在空间的分布是不同的。发光强度的单位为坎德拉，符号为 cd，它表示光源在某单位球面度立体角（该物体表面对点光源形成的角）内发射出的光通量。1cd = 1lm/1sr（sr：立体角的球面度单位）。

（3）亮度（cd/m^2）

亮度是表示眼睛从某一方向所看到物体发射光的强度。单位为坎德拉/平方米［cd/m^2］，符号为 L，表明发光体在特定方向单位立体角单位面积内的光通量，它等于 $1m^2$ 表面上发出 1cd 的发光强度。

（4）色温

当光源所发出的光的颜色与黑体在某一温度下辐射的颜色相同时，黑体的温度就称为该光源的色温，用绝对温度 K 表示。

（5）显色性

原则上，人造光线应与自然光线相同，使人的肉眼能正确辨别事物的颜色，当然，这要根据照明的位置和目的而定。

光源对于物体颜色呈现的程度称为显色性。通常叫做“显色指数”（Ra）。显色性是指事物的真实颜色（其自身的色泽）与某一标准光源下所显示的颜色关系。Ra 值的确定，是将 DIN6169 标准中定义的 8 种测试颜色在标准光源和被测试光源下做比较，色差越小则表明被测光源颜色的显色性越好。

Ra 值为 100 的光源表示，事物在其灯光下显示出来的颜色与在标准光源下一致。

3.3.4　P10 室外单色 LED 显示屏单元板

实用的 P10 室外单色 LED 显示屏单元板如图 3-4 所示。

图 3-4　P10 室外单色 LED 显示屏单元板

3.3.5　P10 室外单色 LED 显示屏单元板的技术参数

P10 室外单色 LED 显示屏单元板的技术参数如表 3-2 所示。

表 3-2　P10 室外单色 LED 显示屏单元板的技术参数

名　称	显示屏技术指标
像素管	1. 像素点形状：椭圆形 2. 像素点中心距：10mm 3. 像素晶片构成：红 4. 每 m^2 像素数量：10000 点/m^2
单元板	1. 模块分辨率：32 点 ×16 点 2. 模块尺寸：320mm×160mm 3. 单元板分辨率：384 点 ×288 点 4. 单元板尺寸：320mm×160mm
显示屏整屏	1. 视角：水平 110°，垂直 45° 2. 屏幕亮度：平均值≥2000cd/m^2 3. 相对温度：－20～＋50℃（工作时） 4. 相对湿度：≤90%RH～95%RH 5. 屏幕寿命：≥10 万 h 6. 散热方式：局部密封式对流散热方式 7. 屏幕重量：（不含支撑结构）<35kg/m^2
供电系统	1. 供电要求：220V±15% 2. 电源保护：具有超温、过流、过压等技术 3. 平均功耗：330～440W/m^2 4. 最大功耗：≤1200W/m^2

（续）

名　称	显示屏技术指标
控制系统	1. 操作系统：Windows 系统 2. 控制软件：专用显示屏控制软件 3. 通信接口：VGA、RS232 或 RS485 4. 控制方式：同步或异步控制 5. 通信距离：≤1200m（双绞线）/≥2000m（光纤传输） 6. 驱动方式：恒流驱动
其他参数	1. 最佳可视距离：正面 10～300m 2. 扫描频率：≥480Hz 3. 刷新频率：≥360Hz 4. 整屏失控点：<2/10000（连续使用时） 5. 亮度：≥2000cd/m^2 6. 系统平均无故障时间：≥10000h 7. 常亮点：1 年内≤2/10000 8. 盲点：1 年内≤2/10000 9. 整屏亮度调整级数：软件调节 16 级可调

3.3.6　P10 室外单色 LED 显示屏的基本构成

P10 室外单色 LED 显示系统的基本构成如图 3-5 所示，主要由 LED 显示屏、LED 显示屏控制器、控制电脑、驱动芯片、供电设备、光纤、音频设备、LED 显示屏安全防护系统及系统软件组成。使用时用户在电脑上通过控制软件将编辑好的图像文字和相应的控制命令经通信卡传至显示系统的控制部分，显示部分即可根据用户选择的显示方式逐页循环显示用户编辑好的图像文字。室外单色 LED 显示屏，可显示各种图形、文字等信息。其表面平整、显示均匀、发光亮度好、显示效果清晰稳定，配有十几种循环变化方式。

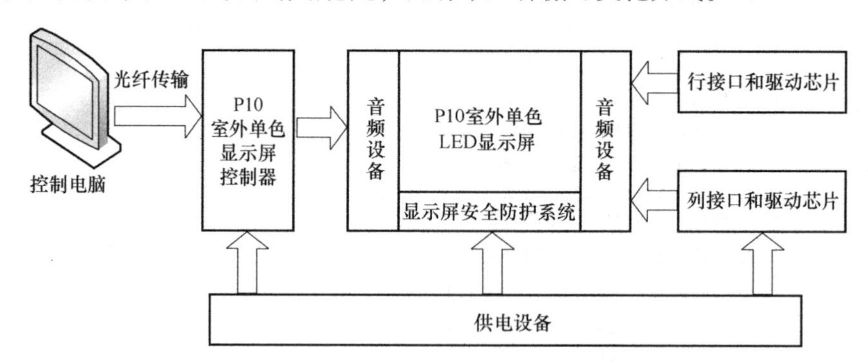

图 3-5　P10 室内单色 LED 显示屏的基本构成

（1）LED 显示屏屏体

LED 显示屏屏体由多个显示单元箱体组成。屏体可以根据不同的尺寸要求进行横向和纵向的单元箱体组合而成，且单元板可以互换，这将使得屏体的安装、维护更为简洁、方便。LED 显示屏接收从光纤传输的控制器输出的全数字信号，通过驱动电路，使 LED 点阵面发光显示。显示屏箱体组成有 LED 发光模组、接收卡、开关电源、散热风扇等。

（2）LED 显示屏控制器

LED 显示屏控制器是 LED 大屏幕处理信息的核心设备。LED 显示屏控制器可以直接接收视频信号或计算机信号，进行信号解码、转换、处理、运算、编码、数字化传输，向 LED 显示屏屏体输出显示信号。在控制器或计算机上直接可以调节 LED 显示屏的亮度等 LED 显示屏参数。

（3）控制电脑

LED 显示屏工作电脑可以向 LED 屏控制器输出电脑信号。LED 显示屏显示电脑信号时，LED 显示屏上的像素与 LED 显示屏工作电脑显示器相应区域上的像素一一对应，直接映射。运行 LED 显示屏控制软件，LED 显示屏工作电脑通过控制端口可以对显示屏控制器进行 LED 显示屏的各项参数调节和操作。

（4）供电设备

供电设备为 LED 显示屏的运行提供了充足的电力。供电设备采用交流三相四线制，可以在控制室远程控制供电设备，开关 LED 显示屏。根据具体使用环境，进行具体设计。

（5）光纤

光纤是 LED 显示屏系统的信号传输载体。光纤不但提高了信号的传输距离，而且在提高了信噪比的同时，减少了前后级之间的相互影响，使得整个控制系统布线简练、美观，可靠性更高，抗干扰性更强，更加易于安装维护。

（6）视频外设

视频信息的输入通过视频外设，如电视机、VCD 机、DVD 机、录像机、摄像机等。

（7）音频设备

显示屏连接功放、音箱后，可播放音乐，也可和屏体同步播放新闻、广告等信息，实现声像同步，使屏体的显示更具有感染力、更具有轰动效应。

（8）LED 显示屏安全防护系统

① 防高温；防尘、防潮；②防噪声污染；③防风、防雨；④防反光、防晒和防止动物冲击；⑤防止雷击；⑥防过电流、短路、断路、过电压、欠电压等；⑦防振功能。

（9）系统软件

系统软件包括控制软件和播放软件。控制软件可以通过计算机的 RS232 口与 LED 显示屏主控制器进行连接，通过控制软件进行 LED 显示屏参数的调节；播放软件播放显示各种计算机文字、表格、图形、图像和二、三维计算机动画等计算机信息。

3.3.7　P10 室外单色 LED 显示屏的常见信号

（1）CLK 时钟信号

CLK 时钟信号提供给移位寄存器的移位脉冲，每一个脉冲将引起数据移入或移出一位。数据口上的数据必须与时钟信号协调才能正常传送数据，数据信号的频率必须是时钟信号的频率的 1/2 倍。在任何情况下，当时钟信号有异常时，会使整板显示杂乱无章。

（2）STB 锁存信号

将移位寄存器内的数据送到锁存器，并将其数据内容通过驱动电路点亮 LED 显示出来。但由于驱动电路受 EN 使能信号控制，其点亮的前提必须是使能为开启状态。锁存信号也须要与时钟信号协调才能显示出完整的图象。在任何情况下，当锁存信号有异常时，会使整板显示杂乱无章。

(3) EN 使能信号

整屏亮度控制信号，也用于显示屏消隐。只要调整它的占空比就可以控制亮度的变化。当使能信号出现异常时，整屏将会出现不亮、暗亮或拖尾等现象。

(4) 数据信号

数据信号提供显示图象所需要的数据，必须与时钟信号协调才能将数据传送到任何一个显示点。一般在显示屏中红绿蓝的数据信号分离开来，若某数据信号短路到正极或负极时，则对应的该颜色将会出现全亮或不亮，当数据信号被悬空时对应的颜色显示情况不定。通常 R 是红色、G 是绿色、B 蓝色。

(5) ABCD 行信号

只有在动态扫描显示时才存在，ABCD 其实是二进制数，A 是最低位，如果用二进制表示 ABCD 信号控制最大范围是 16 行 (1111)，1/4 扫描中只要 AB 信号就可以了，因为 AB 信号的表示范围是 4 行 (11)。当行控制信号出现异常时，将会出现显示错位、高亮或图像重叠等现象。

3.3.8 P10 室外单色 LED 显示屏硬件系统功能及其相关参数

(1) P10 室外单色 LED 显示屏硬件系统的功能

① 长线接收：完成远距离的数据接收，有效消除干扰及共模噪声，保证数据接收的正确性。

② 时序控制：产生系统所使用的各种时序信号非线性调整：完成数据的非线性曲线调整，在系统中为 2 次 γ 校正。

③ 行列解码：选择本控制系统控制行列范围。

采集/发送系统板 PCB 示意图如图 3-6 所示。

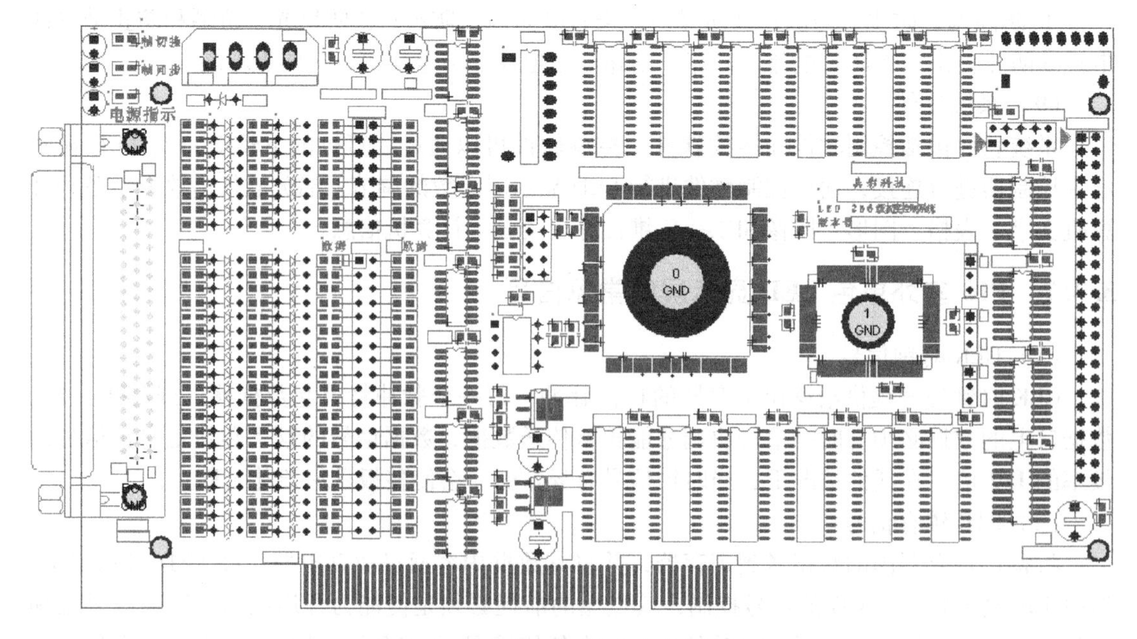

图 3-6 采集/发送系统板 PCB 示意图

接收/灰度系统板 PCB 示意图如图 3-7 所示。

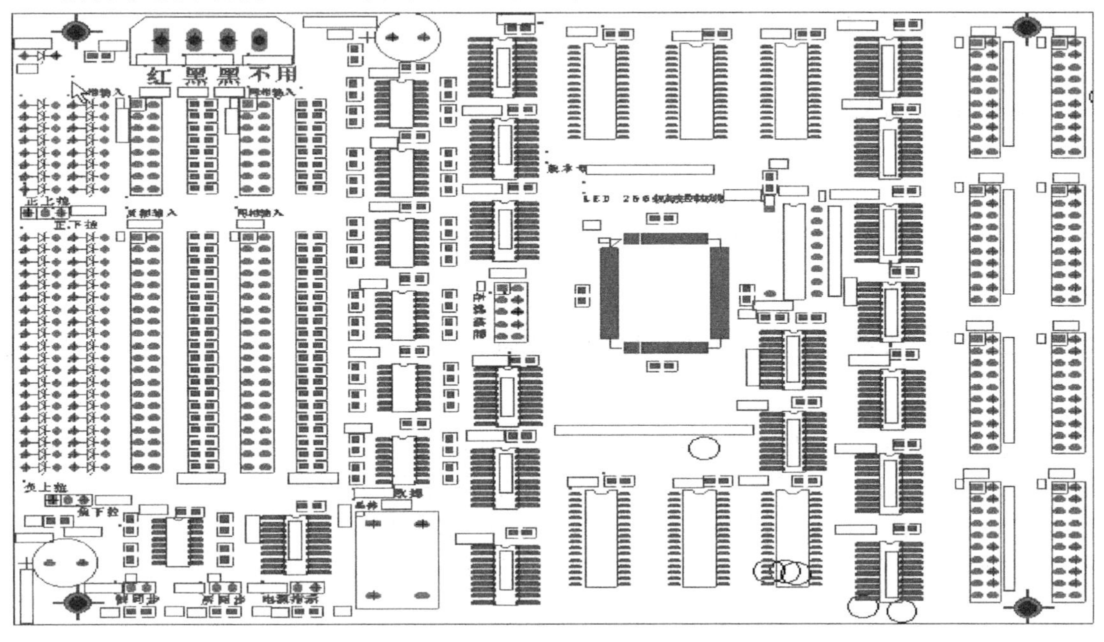

图 3-7　接收/灰度系统板 PCB 示意图

(2) P10 室外单色 LED 显示屏相关参数设计

① 发光像素。单色屏像素构成：红色 LED 灯。

② 显示单元箱体如图 3-8 所示。

单元的分辨率：32 点 × 16 点。单点控制方式：静态/恒流。

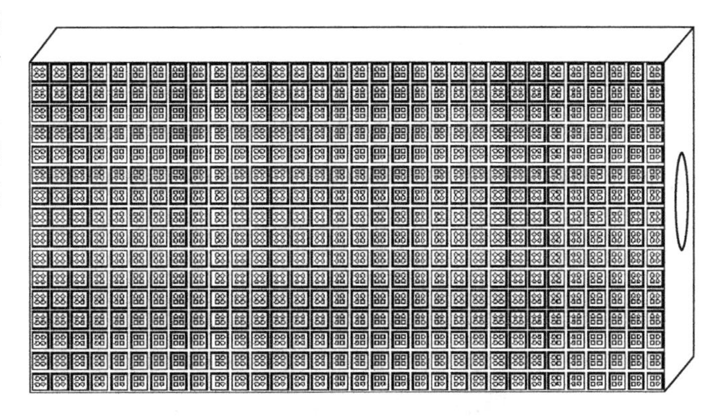

图 3-8　显示单元箱体

③ 显示与控制特性：驱动方式：静态恒流。反 γ 校正系数：2.2 ~ 2.8（可调）。

恒流驱动精度：<4%。

邻界点亮度差：<6%。

整屏最大亮度差：<10%。

像素失控率：<0.1%。

显示模式：同步或异步。

换帧频率：不小于 60 帧/s。

刷新频率：不小于 150Hz。

数据传输：双绞线，采用 RS422A 标准。

通信距离：不大于 100m（无中继）。

④ 电源与电控性能：

供电电源：AC220V ±15%，47 ~ 63Hz。

直流控制电源输出波纹：不大于 50mV。

直流驱动电源输出波纹：不大于 80mV。

线路调整率：0.5%。

负载调整率：0.5%。

上升时间：不大于 300ms。

过电流保护：额定输出的 115%。

过电压保护：额定输出的 120%。

欠电压保护：额定输出的 80%。

短路保护：有。

3.3.9 P10 室外单色 LED 显示屏的性能指标

（1）基色主波长误差

基色主波长误差指标反映的是 LED 显示屏的一个特性。颜色的主波长相当于人眼观测到的颜色的色调，是一个心理量，是颜色相互区分的一种属性。产品标准制定尽可能按照“性能原则”，而不用设计和描述特性来表达，如用“颜色均匀性”（显示屏颜色是否均匀）替代“基色主波长误差”，也就是用性能指标替代设计指标，对技术的提升更有益处。

（2）刷新频率

图像在屏幕上更新的速度，也即屏幕上的图像每 s 出现的次数，它的单位是赫兹（Hz）。刷新频率越高，屏幕上图像闪烁感就越小，稳定性也就越高，换言之对视力的保护也越好。

（3）最大输出电流

目前主流的恒流源 LED 驱动芯片最大输出电流多为每通道 90mA 左右。每通道同时输出恒定电流的最大值对显示屏更有意义，因为在白平衡状态下，要求每通道都同时输出恒流电流。

（4）恒流输出通道数

恒流源输出通道有 8 位和 16 位两种规格，现在 16 位占主流，其主要优势在于减少了芯片尺寸，便于 LED 驱动板（PCB）布线，特别是对于点间距较小的 LED 驱动板更有利。

3.3.10 P10 室外单色 LED 显示屏电源及控制卡的连接

P10 室外单色 LED 显示屏电源接线图如图 3-9 所示。

图 3-9 P10 室外单色 LED 显示屏电源接线图

P10 室外单色 LED 显示屏控制卡接线图如图 3-10 所示。

1. 常规的显示屏安装方式

室外 LED 显示屏安装方式。室外 LED 显示屏面积较大，其钢结构的设计要考虑基础、风载、震级、防水、防尘、环境温度、避雷等诸多因素。钢结构内要放置配电柜、空调、轴流风扇、照明等辅助设备，还要有马道、爬梯等维修设施。

1）座装。将户外显示屏安装在平台上或立柱上。立柱又分为立柱和双立柱，除需制作屏体钢结构外，还需制作混凝土或钢立柱，主要考虑基础的地质状况。

2）挂装。普通挂装适用于屏体总重量小于 50kg 的显示屏，可直接挂在承重墙上，无须留维修空间。

3）吊装。室内承重混凝土顶可采用标准吊件，吊杆长度视现场情况而定。室内钢梁采用钢丝绳吊装，外套与屏体颜色一致钢管装饰。

4）镶装。镶装结构是在墙体上开洞，将显示屏镶在其内，要求洞口尺寸与显示屏外框尺寸相符，并做适当装修，为便于维修墙体上的洞口必须是贯通的，否则需采用前拆卸机构。

5）旋转支架挂装。适用于重量大于 50kg，屏体高度和宽度均大于 1200mm 的显示屏，必须安装在承重墙上，因其一般面积较大，拆装困难，所以通过屏体旋转解决维修空间。

2. 显示屏的数据接口

(1) HUB08 接口市场上室内单双色显示屏一般都采用 HUB08 接口，例如：F3.0，F3.75，F5.0 等。HUB08 接口如图 3-11 所示。

图 3-10　P10 室外单色 LED 显示屏控制卡接线图

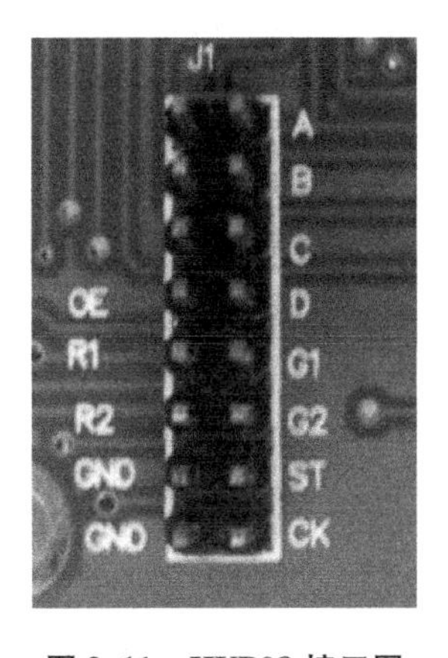

图 3-11　HUB08 接口图

引脚名称分别为

左侧自上而下为 1：GND（N）、2：N、3：N、4：0E、5：R1、6：R2、7：N、8：N。

右侧自上而下为 1：A、2：B、3：C、4：D、5：G1、6：G2、7：ST（L）、8：CK（S）。

(2) HUB12 接口

亚（半）户外及户外显示屏的 HUB12 接口多一些，例如：P10，P16，P20 等。HUB12 接口图如图 3-12 所示。

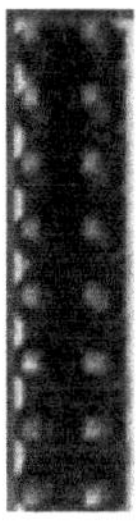

图 3-12　HUB12 接口图

引脚名称分别为

左 1：OE、2：GND（N）、3：N、4：N、5：N、6：N、7：、N、8：N。

右 1：A、2：B、3：F、4：CKL（S）、5：SCLK（L）、6：R、7：N、8：N。

全彩的转接板品种就比较多，显示屏的扫描方式有：1/8、1/4、1/2 及

静态扫描，它们的接口大致都不一样，常用的有 HUB02，HUB08，HUB18，BUH75，HUB40 等。

（3）HUB02 接口（室内 F3.75 模块全彩）

引脚名称分别为

左 1：A、2：C、3：CLK、4：LAT、5：R1、6：G1、7：B1、8：D。

右 1：B、2：N、3：N、4：N、5：R2、6：G2、7：B2、8：OE。

（4）HUB18 接口（室内 P7.62 模块全彩 1/8）

引脚名称分别为

左 1：CLK、2：LAT、3：R1、4：G1、5：OE、6：A、7：、B、8：C。

右 1：N、2：N、3：G2、4：R2、5：N、6：N、7：N、8：D。

（5）HUB75 接口（户外 P10 全彩）

左 1：R1、2：B1、3：R2、4：B2、5：A、6：C、7：CLK、8：OE。

右 1：G1、2：N、3：G2、4：N、5：B、6：N、7：LAT、8：N。

（6）HUB40 接口（户外 P16 全彩）

左 1：R1、2：B1、3：R2、4：B2、5：CLK、6：ST、7：OE、8：N。

右 1：G1、2：N、3：G2、4：N、5：N、6：N、7：N、8：N。

（7）HUB39 接口（户外 P12 全彩 1/2）。

左 1：S、2：L、3：R1、4：G1、5：OE、6：A、7：OE、8：A、9：B、10：C、11：S、12：B1。

右 1：N、2：N、3：R2、4：G2、5：N、6：N、7：N、8：N、9：N、10：N、11：N、12：B2。

3.3.11 课外信息采集

1）查阅 P10 室外单色 LED 显示屏的基本组成，到相关生产单位观看其安装调试过程。

2）查阅 P10 室外单色 LED 显示屏的相关资料，了解其结构、工作原理及使用方法。

3）查阅 P10 室外单色 LED 显示屏的接线方法及其安装注意事项。

4）通过参考资料或网络查找 P10 室外单色 LED 显示屏的结构、工作原理及接线方法。

任务4 硬件选型

3.4.1 P10 室外单色 LED 显示屏单元板及其选型

（1）P10 室外单色 LED 显示屏单元板

P10 室外单色 LED 显示屏单元板如图 3-13 所示。

（2）LED 显示屏单元板的选型

室外 LED 显示屏单元板按照模组的像素间距分为：P10、P12、P12.5、P16、P20。

本项目选择常用的 P10 单元板，即选取了像素间距 $P=10$mm，如图 3-14 所示。一般情况下，P10 室外单色 LED 显示屏单元板的像素直径为 5mm。

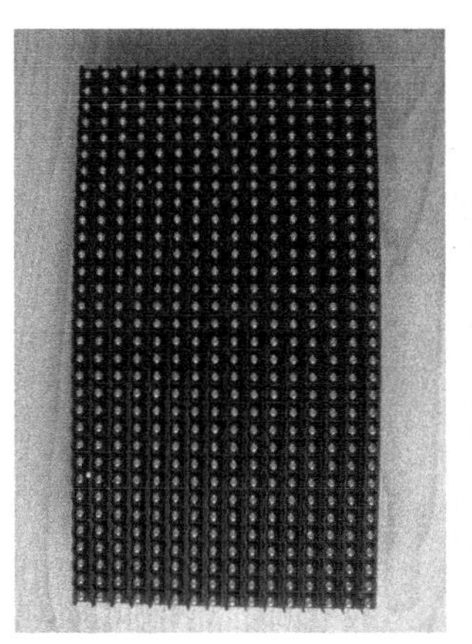

a)正面

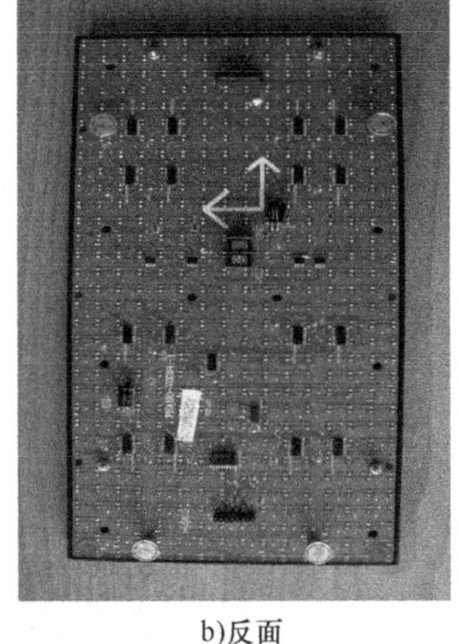

b)反面

图 3-13　P10 室外单色 LED 显示屏单元板

图 3-14　P10 室外单色 LED 显示屏单元板

3.4.2　P10 室外单色 LED 显示屏单元板的技术指标

P10 室外单色 LED 显示屏单元板的具体技术指标如表 3-3 所示。

表 3-3　P10 室外单色 LED 显示屏单元板技术指标

序　号	项　目	技术指标
1	显示颜色	单基色（红）
2	像素直径	5mm
3	像素间距	10mm
4	单元尺寸（长×宽）	320mm×160mm
5	分辨率	32 点×16 点
6	亮度	>3000cd/m^2
7	像素构成	1R
8	刷新频率	>180 帧/s
9	可视视角	水平 110°，垂直 45°
10	最佳视距	15～200m
11	驱动方式	1/4 扫描驱动
12	最大功耗	1500W/m^2
13	工作电压	5V
14	平均重量	30kg/m^2
15	使用寿命	>10 万 h

3.4.3 P10 室外单色 LED 显示屏控制卡

P10 室外单色 LED 显示屏控制卡如图 3-15 所示。

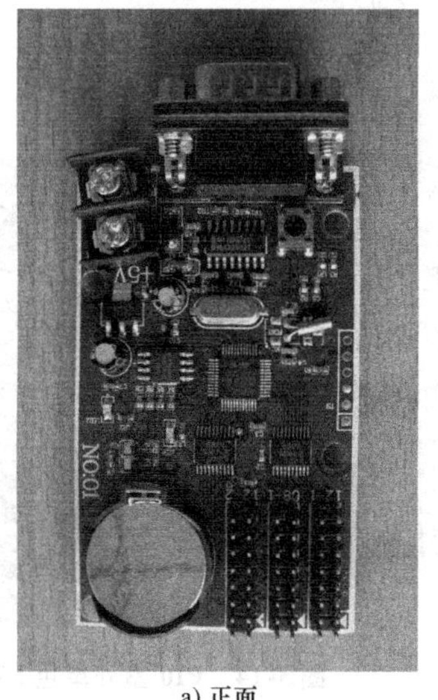

a) 正面

b) 反面

图 3-15 P10 室外单色 LED 显示屏控制卡

3.4.4 P10 室外单色 LED 显示屏控制卡的主要参数

P10 室外单色 LED 显示屏采用 HJT-A 型控制卡，它是一种 V3.8 条屏控制卡，可以自由分区，有 100 多种流水边框，支持动画，表盘及多种新颖特技，具体技术参数如下：

1）通信方式：支持 RS232（直通）。

2）控制点数：单色 1024×32，双色 512×32。

3）支持单元板：室内/半户外/户外单元板，支持 1/4 扫、1/8 扫、1/16 扫。

4）板载接口：2 个 12 接口，1 个 08 接口（加转接版可扩展到 4 个 12 接口或 2 个 08 接口）。

5）绿色软件：无需安装、16M 存储容量、万国文字。

6）自由分区（多个分区可以滚动），支持动画，支持表盘时间和数字时间。

7）100 多种流水边框（每个边框可以调速度快慢、边框可以正转/反转/闪烁），支持表盘时间，文字数字时间。

8）多种新颖特技，支持定时开关机、定时调节亮度。

9）每个节目可以实现时间段播放。

10）节目瞬间暂停播放，继续播放，瞬间强制开关机。

3.4.5 P10 室外单色 LED 显示屏电源及其选型

1. 电源

P10 室外双色 LED 显示屏选用 S-200-5 型显示屏专用电源，如图 3-16 所示。

图3-16　S-200-5型显示屏专用电源

2. 选型

本项目采用S-200-5型显示屏专用电源，即直流5V 40A电源。直流5V 40A电源的功率是200W，P10室外单色LED显示屏的一个单元板功率为21W，所以1个直流5V 40A电源可以带动9块P10室外单色LED显示屏的单元板。

3.4.6　P10室外单色LED显示屏电源的主要参数

P10室外单色LED显示屏S-200-5型电源具体技术指标如表3-4所示。

表3-4　P10室外单色LED显示屏S-200-5型电源技术指标

序　号	项　目	技术指标
1	尺寸	165mm×98mm×38mm
2	重量	0.5kg
3	交流输入电压	220V±15%
4	交流输入频率	47~63Hz
5	输出电压	5V±10%
6	电压调整率（满载）	≤0.5%
7	输出电流	40A
8	功率	200W
9	上升时间	满负载时为50ms（典型值）
10	保持时间	满负载时为15ms（典型值）
11	保护功能	过载/过压/短路保护
12	输出过载保护	110%~150%间歇模式，自动恢复
13	散热方式	空气自然对流冷却
14	工作环境	-20~+85℃、20%RH~95%RH（无结霜）
15	安全标准	符合GB4943、UL60950-1、EN60950-1
16	EMC标准	符合GB9254、EN55022、class A

3.4.7 P10 室外单色 LED 显示屏外框的规格及尺寸

室外单色 P10 LED 显示屏外框如图 3-17 所示。

图 3-17 室外单色 P10 LED 显示屏外框

P10 室外单色 LED 显示屏外框采用 A107 型号型材，即 9cm × 2.5cm，壁厚 0.9mm，配 ABS 角。由于本项目采用 4 块 P10 室外单色单元板组成，所以其型材尺寸为横向长度 64cm，纵向长度 32cm。

3.4.8 课外信息采集

室外单色 LED 显示屏除 P10 单元板外还可以选择哪些单元板？这些单元板的规格、尺寸、主要参数是什么呢？

任务 5 项目实施

3.5.1 P10 室外单色 LED 显示屏边框制作

工具准备：铝材切割机、电动螺钉旋具。

铝材切割机，用于从完整铝材上按照制作规格切割边框铝材；电动螺钉旋具，用于固定边框及其背板。

材料准备：边框铝材、拐角接头、金属背条、钻尾螺钉。

按规格要求裁好的铝材边框使用 4 个拐角接头相连接，并用钻尾螺钉固定，而后固定金属背条，增强边框的强度。

制作 4 块单元板组成的 64 × 32 点条屏的边框，请同学们写出具体操作步骤以及使用材料的规格和个数。

制作过程：

1）首先将边框铝材按具体长度要求用铝材切割机裁好。裁出640mm×45mm×90mm铝材2根，作为上下水平边框；320mm×45mm×90mm铝材2根，作为左右竖直边框。

2）将拐角接头两端分别插入铝材边框中，使边框初步成形。对应选取4个规格为45mm×45mm×90mm带楔头的拐角接头插入对应水平与竖直方向上的边框中。

3）最后将钻尾螺丝固定在拐角接头盒边框的重叠处。把16个钻尾螺钉分为4组，每组4个，分别用在4个拐角接头处，对应1个拐角接头来说，2个自攻螺钉固定在水平铝材与水平方向楔头的重叠处，内侧与外侧各1个，沿竖直方向钻入，另2个自攻螺钉固定在竖直铝材与竖直方向楔头的重叠处，内侧与外侧各1个，沿水平方向钻入，如图3-18所示。

图3-18　钻尾螺钉固定在拐角接头盒边框示意图

3.5.2　P10室外单色LED显示屏组装与调试

目的：认识P10室外单色LED显示屏，能按照要求组装出条屏并完成条屏的调试。

重点：P10室外单色LED显示屏的组装与调试。

相关知识点：

1）P10室外单色LED显示屏的组装。

2）P10室外单色LED显示屏的调试。

1. P10室外单色LED显示屏组装步骤

1）在已经做好的条屏边框后用钻尾螺钉固定3个铁质背条。注意背条放置方向严格竖直，以免使边框受力不均而发生扭曲或变形，2个钻尾螺钉分别固定在上下水平条屏边框的背部。

2）将控制卡以及4块单元板背面组装上螺钉和磁铁并将单元板按正确方向固定在背条上。

3）将条屏电源固定在条屏边框上。

4）正确连接电源线到各个单元板上，连接控制卡与PC间数据传输线，控制卡与单元板间数据线以及单元板与单元板间数据线。

5）封装背板。

2. 室外单色P10LED显示屏调试步骤

单击文件选项卡中“打开”选项，如图3-19所示。

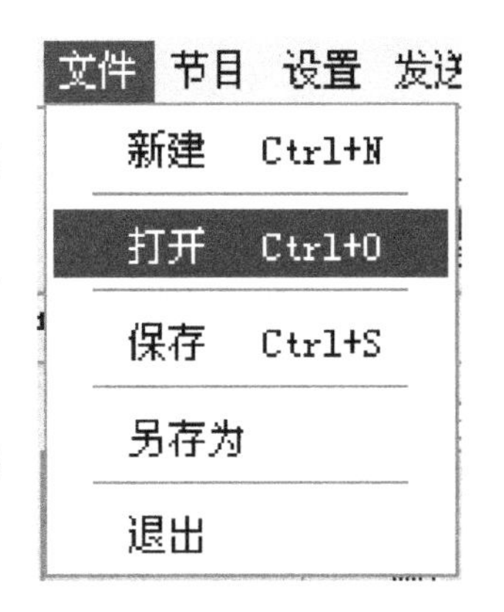

图3-19　文件选项卡中“打开”选项

选中对应节目文件（.HBP）文件 Project1.HBP 将其打开，单击 下载节目 将实例发送至显示屏中，若显示正常，LED 显示屏调试完毕。

3.5.3 P10 室外单色 LED 显示屏软件使用

目的：能够对显示控制卡的调试软件 LED 新视窗（2011 专业版）熟练使用，并能按照要求完成对条屏字幕的设计。

重点：LED 新视窗（2011 专业版）调试软件的熟练使用。

相关知识点：

1）显示屏、节目、字幕的创建以及屏参的设置。

2）字幕大小，形式以及效果的设计。

对于 LED 显示屏，我们使用的操作播放软件主要取决于驱动显示屏的控制卡，本项目选用了 HD-M 卡，以下就对该操作播放软件做介绍。

1）单机软件图标 LedWindows.exe 进入 LED 新视窗（2011 专业版）窗口界面，如图 3-20 所示。

2）建立节目文件：在文件选项卡中选择新建，如图 3-21 所示。

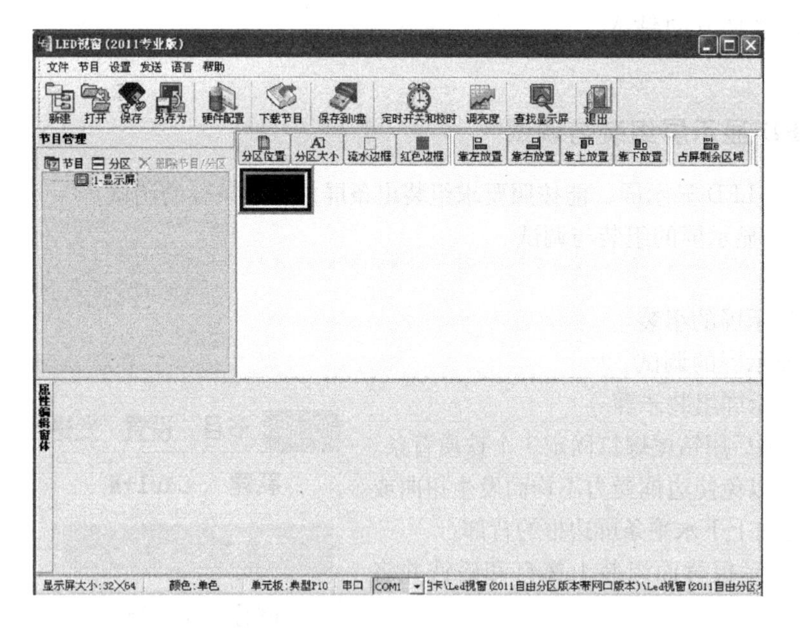

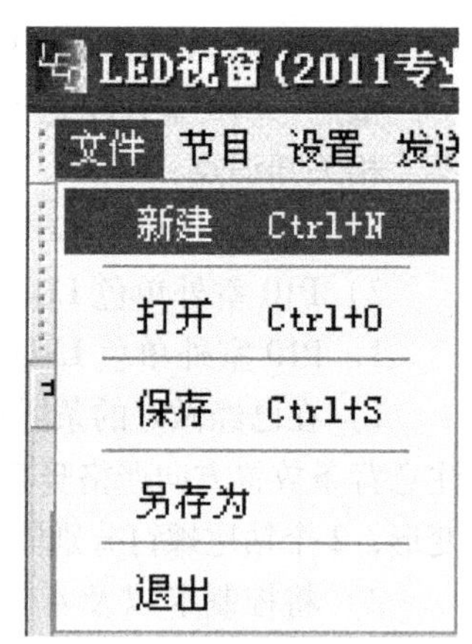

图 3-20 LED 新视窗（2011 专业版）窗口界面

图 3-21 建立节目文件

节目建立完毕，显示如图 3-22 所示。

3）屏参设置：单击设置选项卡中硬件设置。

弹出登录密码界面，如图 3-23 所示。

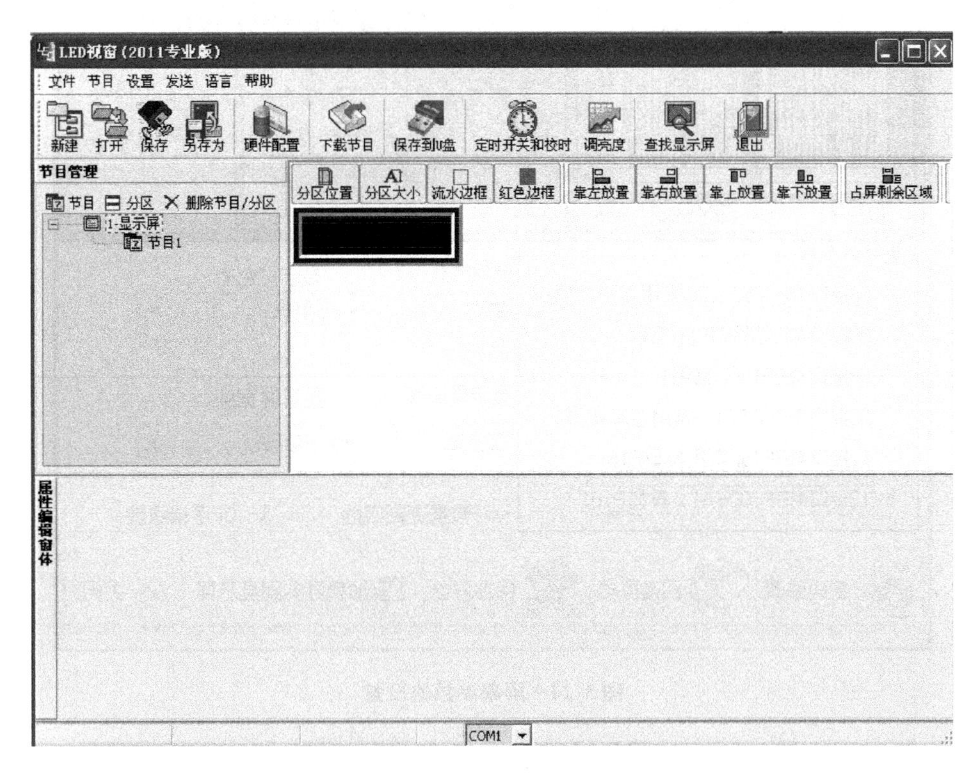

图3-22　节目建立完毕

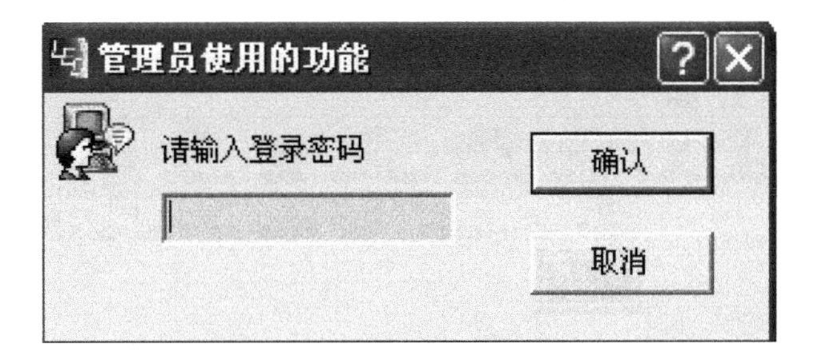

图3-23　登录密码界面

成功输入密码后，屏幕参数的设置按照图3-24操作，将单元板类型选成“12接口4扫P10（常用，典型P10)”；通信方式设置为“串口”；显示屏色彩选择“单色”；显示屏高度选择“32点高”；显示屏宽度选择“64点长”并保存屏参。

注：此处一定正确设置屏参，否则有烧坏显示板和控制卡的危险

此时屏幕参数已经改变，具体显示在窗口的最下方。此时，设置串口，在对应下拉菜单中选择串口的插装位置。如图3-25所示。

4）设置显示窗口和显示时间。

单击1-显示屏、节目1 1-显示屏 节目1，显示窗口如图3-26所示。

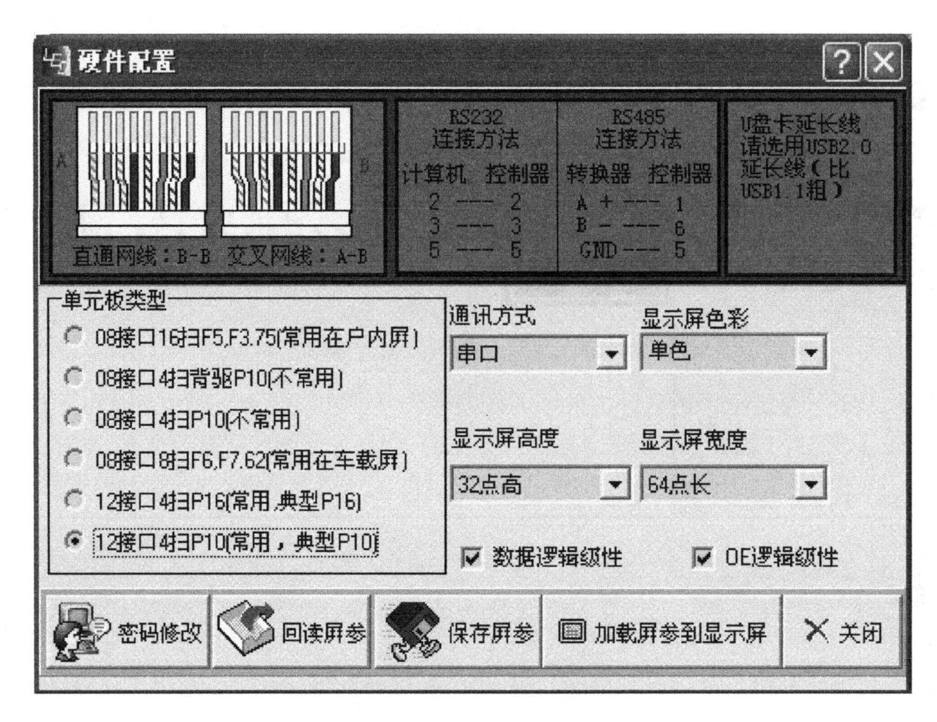

图 3-24　屏幕参数的设置

显示屏大小:32×64	颜色:单色	单元板:典型P10	串口	COM1

图 3-25　屏幕参数串口设置图

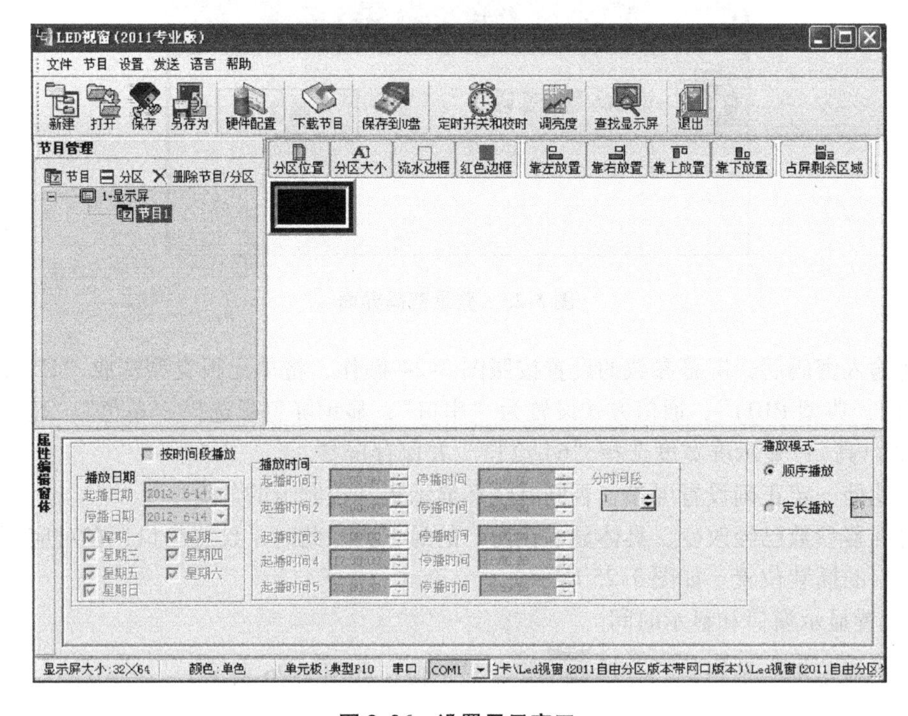

图 3-26　设置显示窗口

此时整个窗口有所改变，而且仿真屏幕大小也变成了所需的比例。如图 3-27 所示。

属性编辑窗体右侧界面主要作用是设置屏幕显示时间，如图 3-28 所示，我们可以根据需要进行调整。如果需要一直滚动显示，则保持默认选项。

5）编辑图文：单击“分区”栏，如图 3-29 所示，可以让条屏显示文本、单文本、图文、表格、动画、表盘始终、数字时钟、计时等信息。

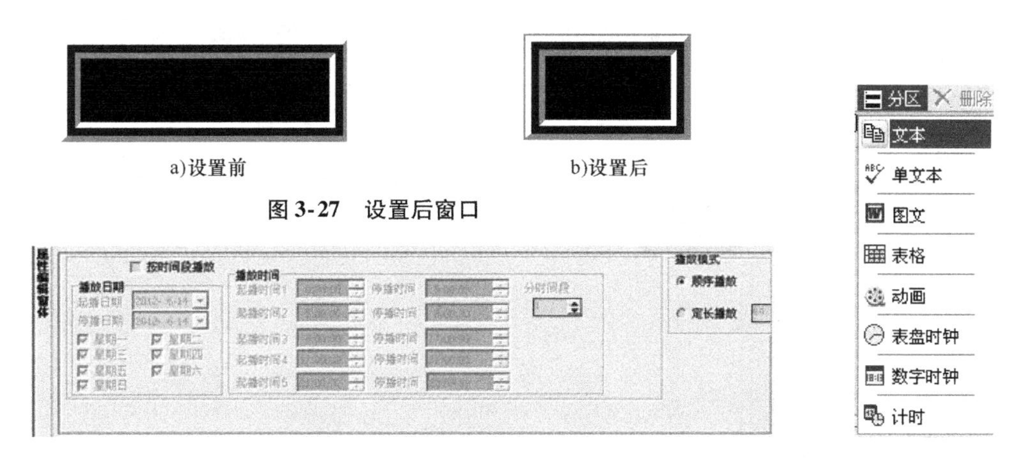

a）设置前　　b）设置后

图 3-27　设置后窗口

图 3-28　设置屏幕显示时间

图 3-29　编辑图文

这里以文本举例，单击文本，如图 3-30 所示。

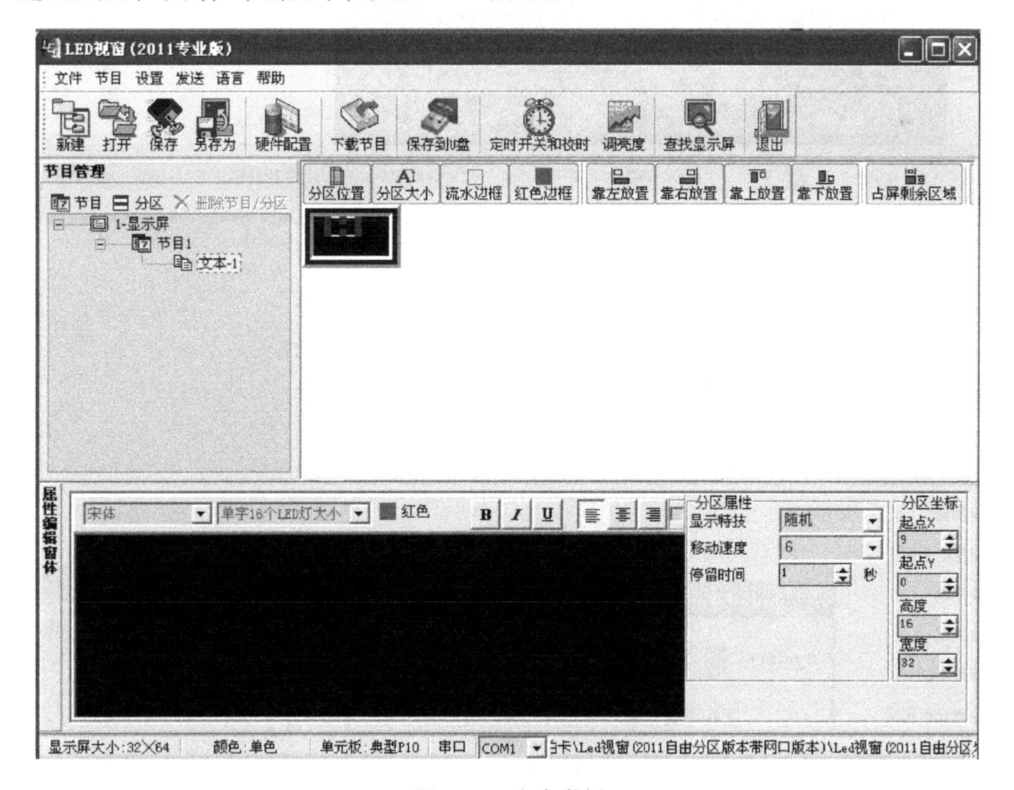

图 3-30　文本举例

在节目 1 下面出现一项文本 1，如图 3-31 所示，文本编辑窗口出现。首先在文字编辑栏输入“大连电子学校欢迎您”，字体选择“宋体”，字体大小选择“Windows 字体大小 20”，颜色选为“红色”。分区属性中显示特技选择“连续左移”，移动速度选择“16”，停留时间选择“0”，分区坐标中起点 X 选择“0”，起点 Y 选择“0”，高度选择“32”，宽度选择“64”。

图 3-31 文本编辑窗口

6）下载信息：单击发送栏中下载信息，如图 3-32 所示。

出现发送界面，同时条屏提示信息下载界面，如图 3-33 所示。

发送完毕后提示“信息成功下载结束”，如图 3-34 所示。

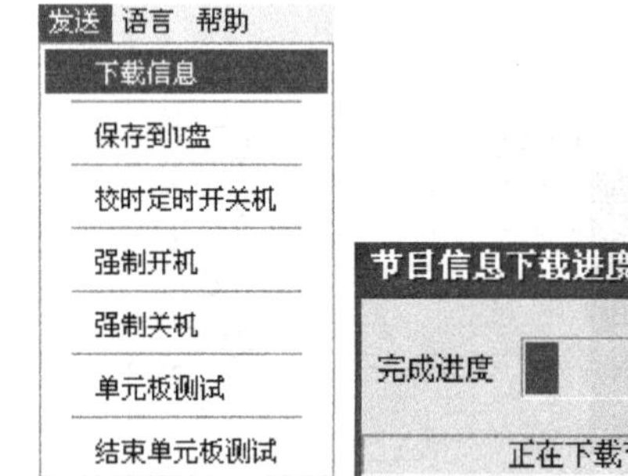

图 3-32 下载信息

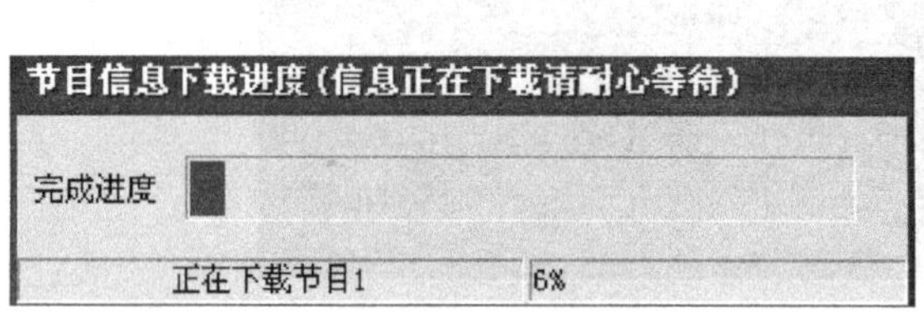

图 3-33 信息下载界面

图 3-34 信息成功下载结束界面

3.5.4 P10室外单色LED条屏字幕的变换

请实现以下变换：

1）将一个表盘时钟发送至条屏上。

2）在不调整屏参的前提下，请同学们发掘软件的其他功能，将自己制作的字幕加上漂亮的边框。

3）请同学们发散思维，充分发挥自己想象力，将自己最想对同学说的话显示到显示屏上，字体不限、样式不限、边框不限、速度不限、清屏不限，做到与众不同。

3.5.5 P10室外单色LED条屏常见故障排除

1）如果在操作中发现显示屏上只有一小部分显示，其他部分花屏或者不显示，应该怎么排除故障？

查看软件中区域宽度和区域高度的选项，检查一下二者的数值是否与实际条屏的点数对应，如果不对应，则在屏参设置中调整它们的数值并重新发送数据。

2）如果在下载过程中发现条屏并没有提示信息，我们做的现象也下载不进去，应该如何排除故障？

查看排线与PC主机以及控制卡是否连接好，注意在检查过程中要保证断电检查，否则容易烧坏PC串口或显示卡，在检查完毕正确插接并确认无误之后，重新发送现象即可。

3.5.6 课外信息采集

在显示屏的硬件配置中，有“12接口4扫P10（常用，典型P10）”，和“12接口4扫P16（常用，典型P16）”2个选项。项目中使用的P10显示屏和P16显示屏的区别在哪里？

任务6 项目验收与考核

3.6.1 LED焊接技术要求及操作注意事项

1）生产时一定要戴防静电手套和防静电手腕，电烙铁一定要接地，严禁徒手触摸白光LED的两只管脚。因为白光LED的防静电为100V，而在工作台上工作湿度为60%～90%时人体的静电会损坏发光二极管的结晶层，工作一段时间后（如10h）二极管就会失效（不亮），严重时会立即失效。

2）焊接温度为260℃，3s。温度过高，时间过长会烧坏芯片。为了更好地保护LED，LED胶体与PCB应保持2mm以上的间距，以使焊接热量在管脚中散除。

3）LED的正常工作电流为20mA，电压的微小波动（如0.1V）都将引起电流的大幅度波动（10%～15%）。因此，在电路设计时应根据LED的压降配备不同的限流电阻，以保证LED处于最佳工作状态。电流过大，LED会缩短寿命，电流过小，达不到所需光强。 一般在批量供货时会将 LED 分光分色，即同一包产品里的 LED 光强、电压、光色都在分光色表上注明。

3.6.2 检查 P10 室外单色 LED 显示屏硬件选型、信号连线

按照表 3-5，完成学生自查和互查，教师指导、评价。

表 3-5 项目检查、验收评价表

评 价 内 容		成 绩 评 定		
项 目 内 容	比例	学生自评 30%	学生互评 30%	教师评价 40%
LED 显示屏单元板的规格选择合适	10%			
LED 显示屏单元板的尺寸选择合适	10%			
LED 显示屏单元板的主要参数选择合适	10%			
LED 显示屏单元板的独立电源选择合适	10%			
LED 显示屏单元板、控制卡、独立电源及其信号连接线正确	30%			
项目实施过程中常见故障的排除	30%			
成绩总评：				

3.6.3 检查 P10 室外单色 LED 显示屏控制卡安装

按照 3-6，完成学生自查和互查，教师指导、评价。

表 3-6 项目检查、验收评价表

评 价 内 容		成 绩 评 定		
项 目 内 容	比例	学生自评 30%	学生互评 30%	教师评价 40%
LED 显示屏控制卡的型号选择合适	10%			
LED 显示屏控制卡的功能选择合适	10%			
LED 显示屏控制卡的主要参数选择合适	10%			
LED 显示屏控制卡的位置安装合适	10%			
LED 显示屏控制卡信号连接线正确	30%			
项目实施过程中常见故障的排除	30%			
成绩总评：				

3.6.4 检查 P10 室外单色 LED 显示屏字幕显示与变换功能

按照表 3-7，完成学生自查和互查，教师指导、评价。

表 3-7 项目检查、验收评价表

评价内容		成绩评定		
项目内容	比例	学生自评 30%	学生互评 30%	教师评价 40%
LED 显示屏整体结构合理	10%			
LED 显示屏单元板对接正确、美观大方	10%			
LED 显示屏边框制做尺寸合适	10%			
LED 显示屏独立电源的位置安装合适	10%			
LED 显示屏实现字幕显示	30%			
LED 显示屏实现字幕显示变换	30%			
成绩总评：				

项目安装完工后，在学生自查和互查，教师指导、评价的基础上，根据如表 3-8 所示的验收表进行项目验收。

表 3-8 项目验收表

<table>
<tr><td colspan="2" rowspan="2">项目验收单</td><td colspan="2">项目名称</td><td>项目承接人</td><td colspan="2">编号</td></tr>
<tr><td colspan="2">室外信息显示屏制作</td><td></td><td colspan="2"></td></tr>
<tr><td>验收人</td><td></td><td>验收开始时间</td><td></td><td>验收结束时间</td><td colspan="2"></td></tr>
<tr><td colspan="5">验收内容</td><td>是</td><td>否</td></tr>
<tr><td colspan="2" rowspan="6">一、P10 室外单色 LED 显示屏硬件选型、信号连线</td><td colspan="3">1. 会选择 LED 显示屏单元板的规格</td><td></td><td></td></tr>
<tr><td colspan="3">2. 会选择 LED 显示屏单元板的尺寸</td><td></td><td></td></tr>
<tr><td colspan="3">3. 会选择 LED 显示屏单元板的主要参数</td><td></td><td></td></tr>
<tr><td colspan="3">4. 会选择 LED 显示屏单元板的独立电源</td><td></td><td></td></tr>
<tr><td colspan="3">5. 完成 LED 显示屏单元板、控制卡、独立电源及其信号连接线</td><td></td><td></td></tr>
<tr><td colspan="3">6. 完成项目实施过程中常见故障的排除</td><td></td><td></td></tr>
<tr><td colspan="2" rowspan="6">二、P10 室外单色 LED 显示屏控制卡安装</td><td colspan="3">1. 会选择 LED 显示屏控制卡的型号</td><td></td><td></td></tr>
<tr><td colspan="3">2. 会选择 LED 显示屏控制卡的功能</td><td></td><td></td></tr>
<tr><td colspan="3">3. 会选择 LED 显示屏控制卡的主要参数</td><td></td><td></td></tr>
<tr><td colspan="3">4. 能正确安装 LED 显示屏控制卡的位置</td><td></td><td></td></tr>
<tr><td colspan="3">5. 完成 LED 显示屏控制卡信号连接线</td><td></td><td></td></tr>
<tr><td colspan="3">6. 完成项目实施过程中常见故障的排除</td><td></td><td></td></tr>
<tr><td colspan="2" rowspan="6">三、P10 室外单色 LED 显示屏字幕显示与变换功能</td><td colspan="3">1. 会设计 LED 显示屏整体结构</td><td></td><td></td></tr>
<tr><td colspan="3">2. 完成 LED 显示屏单元板正确对接，且美观大方</td><td></td><td></td></tr>
<tr><td colspan="3">3. 完成 LED 显示屏边框制做，且尺寸合适</td><td></td><td></td></tr>
<tr><td colspan="3">4. 完成 LED 显示屏独立电源的位置正确安装</td><td></td><td></td></tr>
<tr><td colspan="3">5. LED 显示屏实现字幕显示</td><td></td><td></td></tr>
<tr><td colspan="3">6. LED 显示屏实现字幕显示变换</td><td></td><td></td></tr>
</table>

（续）

<table>
<tr><td colspan="2" rowspan="2">项目验收单</td><td colspan="2">项 目 名 称</td><td>项目承接人</td><td colspan="2">编　　号</td></tr>
<tr><td colspan="2">室外信息显示屏制作</td><td></td><td colspan="2"></td></tr>
<tr><td>验收人</td><td></td><td>验收开始时间</td><td></td><td>验收结束时间</td><td colspan="2"></td></tr>
<tr><td colspan="5">验 收 内 容</td><td>是</td><td>否</td></tr>
<tr><td rowspan="5">四、安全文明操作</td><td colspan="4">1. 必须穿戴劳动防护用品</td><td></td><td></td></tr>
<tr><td colspan="4">2. 遵守劳动纪律，注意培养一丝不苟的敬业精神</td><td></td><td></td></tr>
<tr><td colspan="4">3. 注意安全用电，严格遵守本专业操作规程</td><td></td><td></td></tr>
<tr><td colspan="4">4. 保持工位文明整洁，符合安全文明生产</td><td></td><td></td></tr>
<tr><td colspan="4">5. 工具仪表摆放规范整齐，仪表完好无损</td><td></td><td></td></tr>
<tr><td>五、实施项目过程简述</td><td colspan="6"></td></tr>
<tr><td>六、项目展示说明</td><td colspan="6"></td></tr>
<tr><td>项目承接人签名</td><td></td><td>检查人签名</td><td></td><td>教师签名</td><td colspan="2"></td></tr>
</table>

3.6.5 知识拓展　变色彩灯的制作

大多数人的生活空间中，普遍习惯了苍白或温暖的灯光。而新的 LED 变色灯，颜色是活的，它们具备灵动的特点，能够让各种空间的色彩影响我们的心情。同时，它也具备调光、调色机制的 LED 灯具，可产生能改变空间气氛的效果。

【学一学】LED 变色灯

普通的 LED 变色灯由稳压电源、LED 控制器及 G、R、B 三基色 LED 阵列组成，实物如图 3-35 所示。它的外形与一般乳白色白炽灯泡相同，但点亮后会自动按一定的时间间隔变色。发出青、黄、绿、紫、蓝、红、白色光。变色灯的变色原理是 3 种基色 LED 分别点亮 2 个 LED 时，它可以发出黄、紫、青色（如红、蓝 2 个 LED 点亮时发出紫色光）；若红、绿、蓝 3 种 LED 同时点亮时，它会产生白光。如果有电路能使红、绿、蓝光 LED 分别两两点亮、单独点亮及 3 基色 LED 同时点亮，则发出 7 种不同颜色的光来。外部灯泡必须采用乳白色的。这样才能较好的混色，不可采用透明的材料。

图 3-35　普通的 LED 变色灯

（1）变色的光学原理

变色灯是由红（R）、绿（G）、蓝（B）三基色 LED 组成的。双色 LED 是我们十分熟悉的，一般由红光 LED 及绿光 LED 组成，它可以单独发出红光或绿光，若红光及绿光同时亮点时，红绿两种光混合成橙黄色。变色灯的变色原理如图 3-36 所示。

（2）变色灯的结构框图

LED 变色灯的结构框如图 3-37 所示。它由稳压电源、LED 控制器及 G、R、B 三基色 LED 阵列组成。

电源输出直流电压供 LED 阵列和 LED 控制器。其中 LED 控制器是变色灯的关键。有的厂家直接把程序烧写在控制器中，也有的厂家使用计算机控制，可进行编写修改。

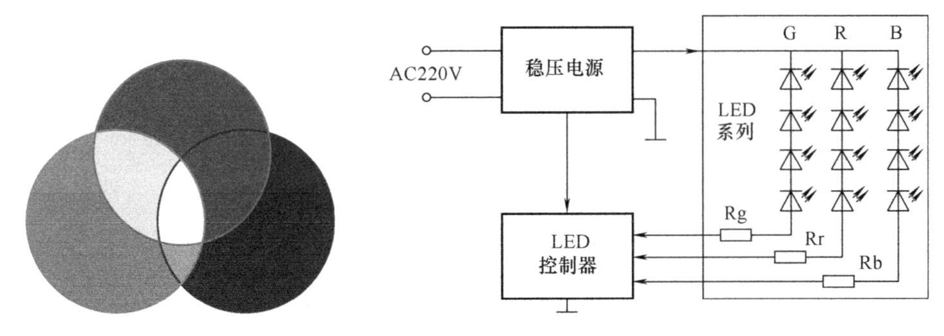

图 3-36　变色的光学原理　　　　图 3-37　LED 变色灯的结构框图

【记一记】单灯头 LED 变色灯

下面介绍一种使用 CD4060 和降压式稳压电源制作的简单 LED 变色灯。

（1）电路结构图

LED 变色灯的电路如图 3-38 所示。它由电源部分、变色控制部分及三基色 LED 阵列组成，现分别介绍其工作原理。

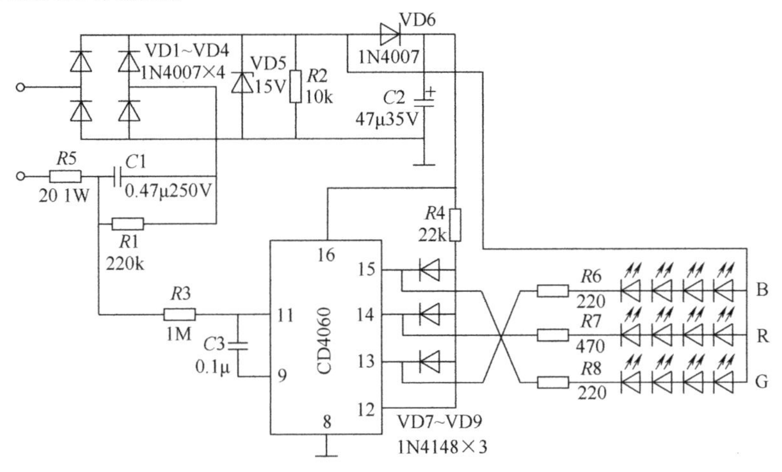

图 3-38　LED 变色灯的电路图

1）电源部分。由降压电容 C1、全波整流 VD1 ~ VD4及稳压二极管 VD5 组成的电容降压式电路是很典型的 AC/DC 转换电路。

2）变色控制部分。变色控制部分由二进制记数器 CD4060 承担。

3）三基色 LED 阵列。三基色 LED 阵列由三基色 LED（B、R、G）串联而成，每串由 4 个 LED 串联而成。

（2）PCB

LED 变色灯泡的部分 PCB 如图 3-39 所示。

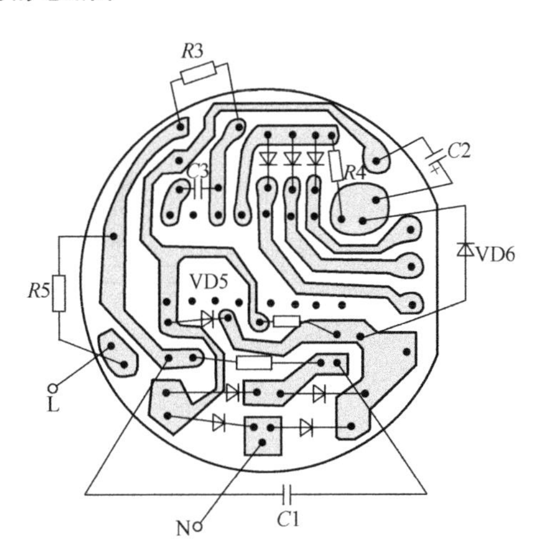

图 3-39　电源部分及控制部分的 PCB

【做一做】变色 LED 灯的组装

（1）实训目的

① 认识 LED 变色灯的基本原理；

② 掌握变色灯硬件的连接；

③ 初步了解变色效果的编程。

（2）实训器材

按表 3-9 准备实训器材。

表 3-9 LED 变色灯组件

序 号	类 型	型号与规格	数 量
1	LED 开关电源	输入 AC85～380V，输出 DC12～24V	1
2	LED 七彩控制驱动器	输入 DC12～24V，输出功率 1～45W	1
3	LED 变色灯	1W	3
4	导线	软导线	若干

（3）实训内容与步骤

1）识别各组件。逐一观察并打开外壳初步了解开关电源和控制驱动器的各部分结构，分析系统框图，并画在表 3-10 中。

表 3-10 系统框图

序 号	开 关 电 源	控制驱动器
系统框图		

2）连接并组装电路，如图 3-40 所示。

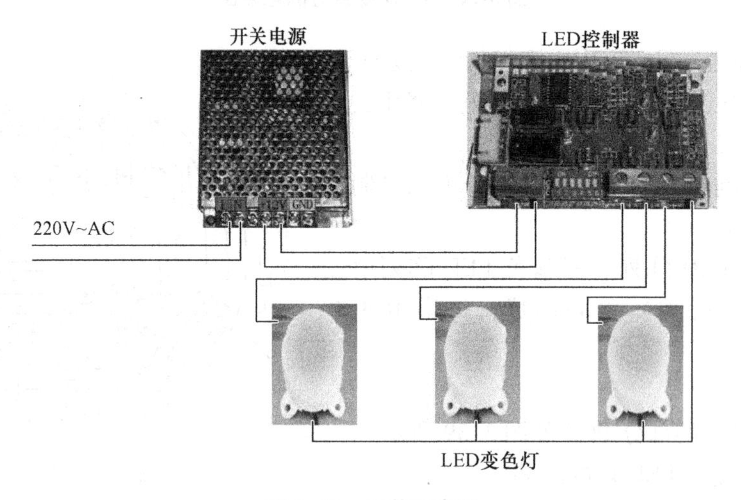

图 3-40 组装示意图

3）演示效果。检查电路连接无误后，通电演示变色效果。如芯片变色程序已固化则不可更改，如可通过上位机修改也可尝试进行。

项目3　考核评价表

学期：　　　　　　　　班级：　　　　　　　　考核日期：　年　月　日

<table>
<tr><th colspan="3">项目名称</th><th>室外信息显示屏制作</th><th colspan="2">项目承接人</th><th colspan="4"></th></tr>
<tr><th colspan="4">考核内容及分值</th><th>项目分值</th><th>自我评价</th><th>小组评价</th><th>教师评价</th><th>企业评价</th><th>综合评价</th></tr>
<tr><td rowspan="3">专业能力80%</td><td rowspan="2">工作准备的质量评估</td><td>知识准备</td><td>1. 了解LED产品相关知识
2. 认识P10室外单色LED显示屏单元板，掌握其技术参数
3. 掌握P10室外单色LED显示屏的基本构成
4. 熟悉P10室外单色LED显示屏的常见信号
5. 掌握P10室外单色LED显示屏硬件系统实现的功能及其相关参数
6. 掌握P10室外单色LED显示屏的性能指标
7. 学会P10室外单色LED显示屏电源和控制卡的连接
8. 了解显示屏的分类，掌握常规的显示屏安装方式
9. 能够自己查询P10室外单色LED显示屏的结构、工作原理及接线方法</td><td>15</td><td></td><td></td><td></td><td></td><td></td></tr>
<tr><td>工作准备</td><td>1. P10室外单色LED显示屏单元板、控制卡、信号线、独立电源、常用工具和仪表的准备数量是否齐全
2. LED显示屏辅助材料准备的质量和数量是否适用
3. 工作周围环境布置是否合理、安全</td><td>5</td><td></td><td></td><td></td><td></td><td></td></tr>
<tr><td>工作过程各个环节的质量评估</td><td>硬件选型</td><td>1. 认识P10室外单色LED显示屏单元板并会选型
2. 牢记P10室外单色LED显示屏单元板的主要参数
3. 认识P10室外单色LED显示屏控制卡，掌握其主要参数并会选型
4. 掌握P10室外单色LED显示屏电源的主要参数
5. 认识P10室外单色LED显示屏电源并会选型
6. 掌握P10室外单色LED显示屏外框的规格、尺寸，并会制作</td><td>10</td><td></td><td></td><td></td><td></td><td></td></tr>
</table>

（续）

<table>
<tr><td colspan="3">项 目 名 称</td><td>室外信息显示屏制作</td><td colspan="3">项目承接人</td><td colspan="3"></td></tr>
<tr><td colspan="4">考核内容及分值</td><td>项目分值</td><td>自我评价</td><td>小组评价</td><td>教师评价</td><td>企业评价</td><td>综合评价</td></tr>
<tr><td rowspan="3">专业能力 80%</td><td rowspan="2">工作过程各个环节的质量评估</td><td>硬件安装接线</td><td>1. 掌握 P10 室外单色 LED 显示屏组装与调试方法
2. 教师指导，可完成 P10 室外单色 LED 显示屏边框制做
3. 教师指导，可完成 P10 室外单色 LED 显示屏组装与调试
4. 教师指导，可学会 P10 室外单色 LED 显示屏软件的使用
5. 教师指导，可实现 P10 室外单色 LED 条屏字幕的变换
6. 师生共同完成 P10 室外单色 LED 条屏常见故障排除</td><td>20</td><td></td><td></td><td></td><td></td><td></td></tr>
<tr><td>整机调试与故障排除</td><td>1. 能够按照设计要求完成 P10 室外单色 LED 显示屏组装与调试
2. 能够按照设计要求完成 P10 室外单色 LED 条屏字幕的变换
3. 能够按照设计要求完成 P10 室外单色 LED 显示屏边框制做
4. 能够实现 P10 室外单色 LED 显示屏正常运行，并进行常见故障检查
5. 能排除 P10 室外单色 LED 显示屏外围器件和接线的常见故障</td><td>20</td><td></td><td></td><td></td><td></td><td></td></tr>
<tr><td>工作成果的质量评估</td><td colspan="2">1. 显示屏组装过程是否合理
2. 显示屏调试过程是否合理、规范
3. 显示屏字幕的变换功能能否实现
4. 环境是否整洁干净
5. 其他物品是否在工作中遭到损坏
6. 显示屏整体效果是否美观</td><td>10</td><td></td><td></td><td></td><td></td><td></td></tr>
<tr><td rowspan="3">综合能力 20%</td><td>信息收集能力</td><td colspan="2">基础理论、收集和处理信息的能力；独立分析和思考问题的能力</td><td>5</td><td></td><td></td><td></td><td></td><td></td></tr>
<tr><td>交流沟通能力</td><td colspan="2">P10 室外单色 LED 显示屏安装、调试总结
显示屏字幕的变换功能应用</td><td>5</td><td></td><td></td><td></td><td></td><td></td></tr>
<tr><td>分析问题能力</td><td colspan="2">能够实现 P10 室外单色 LED 显示屏正常运行；能够排除 P10 室外单色 LED 显示屏外围器件和接线的常见故障</td><td>5</td><td></td><td></td><td></td><td></td><td></td></tr>
</table>

（续）

项目名称	室外信息显示屏制作		项目承接人					
考核内容及分值			项目分值	自我评价	小组评价	教师评价	企业评价	综合评价
综合能力20%	团结协作能力	小组中分工协作、团结合作能力	5					
总评			100					

承接人签字	小组长签字	教师签字	企业代表签字

项目验收后，即可交付用户。

项目小结

1. LED 产品相关知识

1）光通量（lm）；2）发光强度（cd）；3）亮度（cd/m^2）；4）色温；5）显色性。

2. 室外单色 P10LED 显示屏的基本组成

系统由计算机专用设备、显示屏幕、视频输入端口和系统软件等组成。

3. P10 室外单色 LED 显示屏的常见信号

1）CLK 时钟信号；2）STB 锁存信号；3）EN 使能信号；4）数据信号；5）ABCD 行信号。

4. P10 LED 显示屏相关参数设计

1）发光像素；2）显示单元箱体；3）显示与控制特性；4）电源与电控性能。

5. P10 室外单色 LED 显示屏的性能指标

1）基色主波长误差；2）刷新频率；3）最大输出电流；4）恒流输出通道数。

6. 新型半导体光源是景观照明中最佳选择的光源之一。LED 是最新的光源，但并不是万能的光源，使用时应注意场合。

项目习题库

1. 通过相关网络查询和各种技术资料、杂志了解 LED 显示屏有哪些应用？
2. LED 产品相关参数有哪些？
3. P10 室外单色 LED 显示屏的基本组成是什么？它们的各自作用是什么？
4. 做出 P10 室外单色 LED 显示屏的基本构成，并做相应说明。
5. P10 室外单色 LED 显示屏的常见信号有哪些？
6. P10 室外单色 LED 显示屏控制系统能够实现哪些功能？
7. P10 室外单色 LED 显示屏的性能指标有哪些？
8. 显示屏是如何分类的？

9. P10 室外单色 LED 显示屏单元板如何选型?

10. P10 室外单色 LED 显示屏控制卡的主要参数有哪些? 它们的各自功能?

11. P10 室外单色 LED 显示屏电源如何选型?

12. 简述 P10 室外单色 LED 显示屏外框的规格、尺寸。

13. 简述 P10 室外单色 LED 显示屏整体组装过程。

14. 如果在操作中发现显示屏上只有一小部分显示，其他部分花屏或者不显示，应该怎么排除故障?

15. 如果在下载过程中发现条屏并没有提示信息，应该如何排除故障?

16. 简述 LED 焊接技术要求及操作注意事项。

17. 做出变色灯的结构框图，并做相应说明。

项目 4　室外多色信息显示屏制作

[知识目标]

1. 掌握 P10 室外双色 LED 显示屏的分类、基本组成及其构成框图。
2. 了解 P10 室外双色 LED 显示屏有哪些应用。

[技能目标]

1. 正确选择 LED 显示屏单元板、控制卡、独立电源及其信号连接线。
2. 实现 P10 室外双色 LED 显示屏组装与调试，并排除常见故障。
3. 利用控制卡实现 P10 室外双色 LED 条屏字幕的变换。

任务 1　认识室外多色信息显示屏

LED 显示屏的应用及其箱体结构如图 4-1 所示。

a)贴片LED

b)LED车灯

c)LED屏幕电脑

d)LED检测系统一套

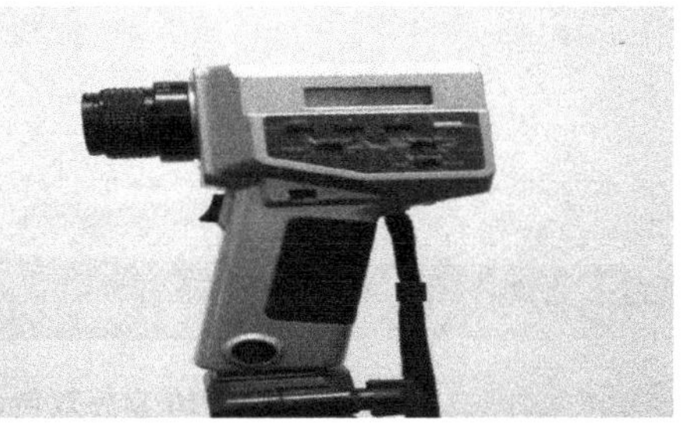

e)工业光学测试仪器

图 4-1　LED 显示屏的应用及其箱体结构

f) 箱体LED屏幕

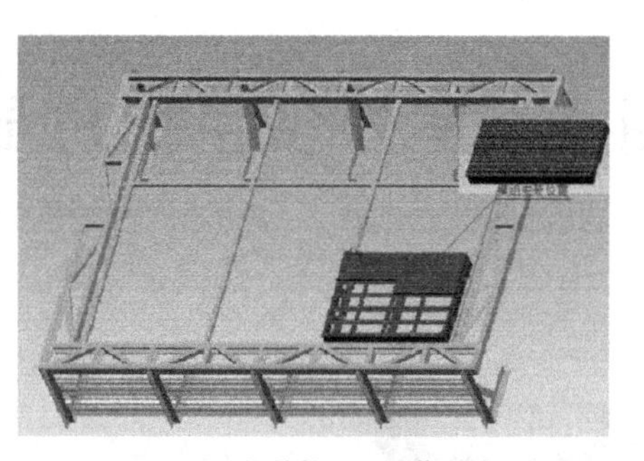

g) 钢结构LED屏幕

h) 箱体LED屏幕

i) P10室外双色LED显示屏

图 4-1　LED 显示屏的应用及其箱体结构（续）

任务 2　项目任务书

4.2.1　P10 室外双色 LED 显示屏

P10 室外双色 LED 显示屏正常工作时正面显示如图 4-2 所示。

图 4-2　P10 室外双色 LED 显示屏正面显示图

户外 P10 双基色 320mm×160mm 单元板如图 4-3 所示。

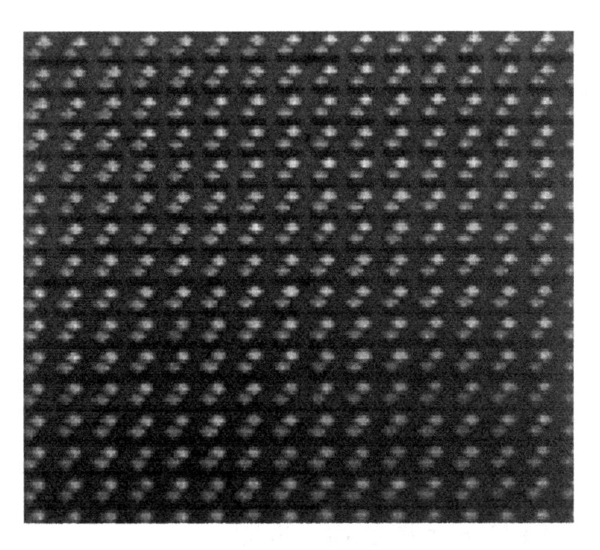

图 4-3 户外 P10 双基色 320mm × 160mm 单元板

4.2.2 项目任务书

项目任务书如表 4-1 所示。

表 4-1 项目任务书

序 号	内 容
1	掌握 P10 室外双色 LED 显示屏单元板的主要参数，并完成选型
2	掌握 P10 室外双色 LED 显示屏控制卡的主要参数，并完成选型
3	掌握 P10 室外双色 LED 显示屏电源的主要参数，并完成选型
4	学会 P10 室外双色 LED 显示屏外框的规格、尺寸的选择，并会制作
5	熟悉 P10 室外双色 LED 显示屏组装与调试要求
6	完成 P10 室外双色 LED 显示屏组装与调试
7	完成 P10 室外双色 LED 显示屏软件使用
8	实现 P10 室外双色 LED 条屏字幕的变换
9	学会 P10 室外双色 LED 条屏常见故障的检查和排除

任务3 信息收集

4.3.1 P10 室外双色 LED 显示屏的基本组成

本系统由显示屏控制计算机、数据采集卡、超五类网线、数据接收卡、LED 显示屏模组、视频输入端口和系统软件等组成。

显示屏控制计算机：计算机及专用设备直接决定了系统的功能，可根据用户对系统的不同要求选择不同的类型。

数据采集卡：从传感器和其他待测设备等模拟和数字被测单元中自动采集非电量或者电量信号，送到上位机中进行分析，处理。

超五类网线：超五类双绞线定义为4对，在以太网中作为传输介质完成信号的发送和接收，在千兆位以太网中更是要求使用全部的4对线进行通信。

LED 显示屏模组：显示屏的控制电路接收来自计算机的显示信号，驱动 LED 发光产生画面，并通过增加功放、音箱输出声音。

视频输入端口：提供视频输入端口，信号源可以是录像机、影碟机、摄像机等，支持 NTSC、PAL、S_Video 等多种制式。

系统软件：提供 LED 播放专用软件，PowerPoint 或 ES98 视频播放软件。

4.3.2 P10 室外双色 LED 显示屏的构成框图

系统连线控制方式如图 4-4 所示。

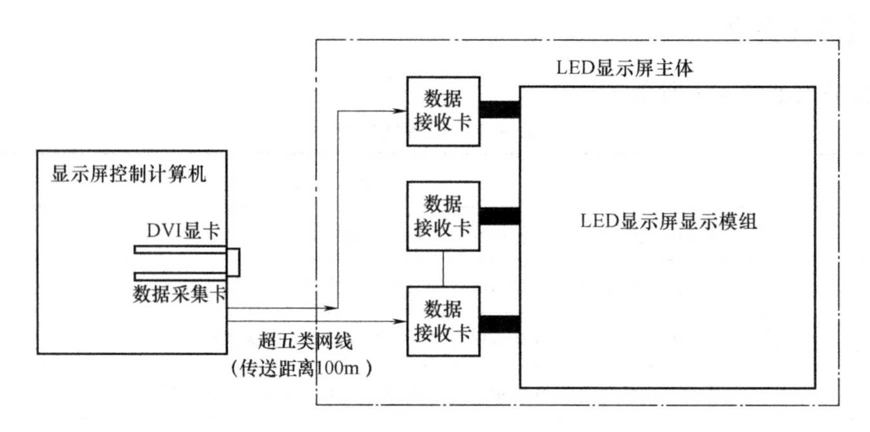

图 4-4 系统连线控制方式框图

4.3.3 P10 室外双色 LED 显示屏的应用

通过相关网络查询和各种技术资料、杂志了解 P10 双色 LED 显示屏有哪些应用。

主要应用包括：证券交易、金融信息显示；机场航班动态信息显示；港口、车站旅客引导信息显示；体育场馆信息显示；道路交通信息显示；调度指挥中心信息显示；邮政、电信、商场购物中心等服务领域的业务宣传及信息显示；广告媒体新产品；演出和集会；展览会等。

4.3.4 使用多块 LED 点阵模块显示字符

（1）实训目的

1）学会 LED 点阵模块的管脚判别，学会多块 LED 点阵模块的拼接使用；

2）进一步了解 LED 点阵的显示原理；

3）了解用单片机控制LED点阵显示字符的基本原理；

4）学习根据电路图连接电路。

（2）实训器材

按表4-2准备实训器材。

表4-2　LED点阵显示字符实训器材

序　号	名　称	型号与规格	数　量
1	数字电路实验箱	自选	1
2	数字万用表	自选	1
3	8×8LED点阵模块	Φ5mm，共阳极	4
4	单片机	AT89S52	1
5	集成电路	74F573	4
6	集成电路	ULN2803A	3
7	电解电容	10μF	1
8	瓷片电容	30pF	2
9	晶振	11.0592MHz	1
10	电阻	10kΩ	1
11	按钮开关		1

（3）实训内容

1）用数字万用表判别LED点阵模块的引脚，如图4-5所示，是LED点阵模块的引脚序号，测量出各引脚序号所对应的行（列）数，并将结果填入表4-3中。

表4-3　测量出各引脚序号所对应的行（列）数

引脚序号	1	2	3	4	5	6	7	8	9	10	11	12	13	14	15	16
行数																
列数																

2）LED点阵模块的拼接。将4片LED点阵模块拼接在一起，组成16×16LED点阵显示屏。连接时，左右并排两片模块的行引脚需连在一起，上下并排两片模块的列引脚需连在一起，结果16×16LED点阵显示屏共有32根引线，其中行线16根，列线16根，如图4-6所示。

3）连接行驱动电路。行驱动采用2片74F573，3片ULN2803A。电路如图4-7所示。

4）连接列驱动电路。列驱动采用2片74F573，电路如图4-8所示。

5）连接单片机电路，电路如图4-9所示。

6）将程序写入单片机。检查电路无误后，接通电源，此时，LED点阵屏上会有字符显示，显示的内容由单片机程序决定。

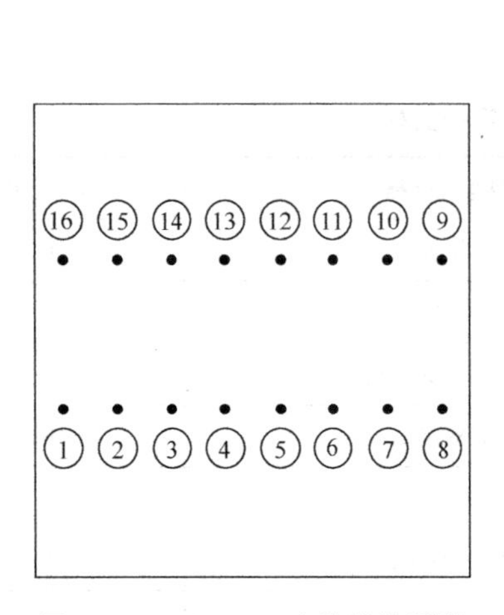

图4-5　8×8 LED点阵模块引脚

图4-6　16×16 LED点阵显示屏

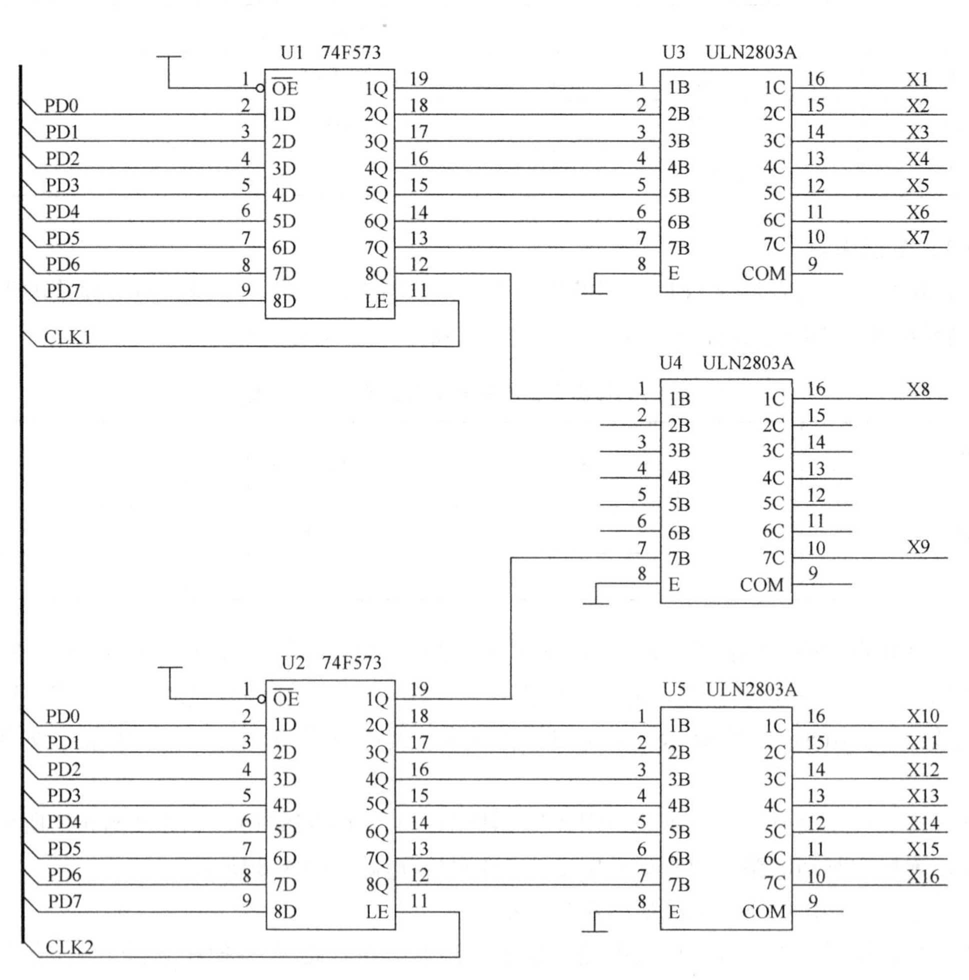

图4-7　16×16LED点阵显示行驱动电路

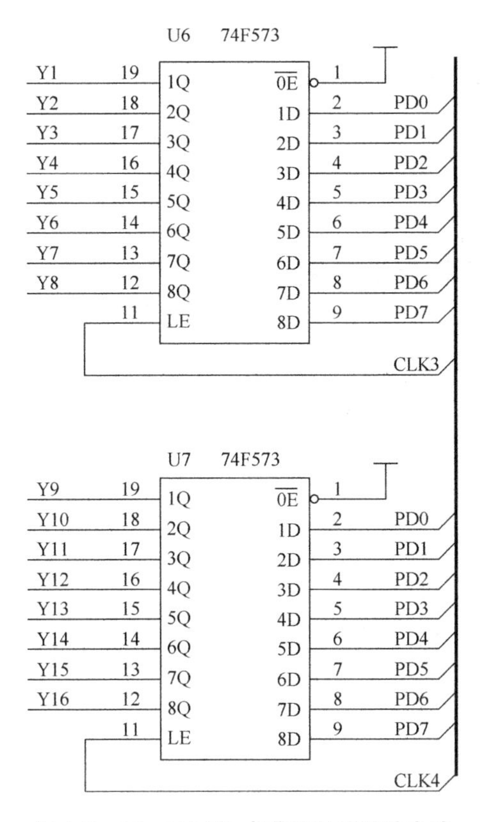

图 4-8　16×16LED 点阵显示列驱动电路

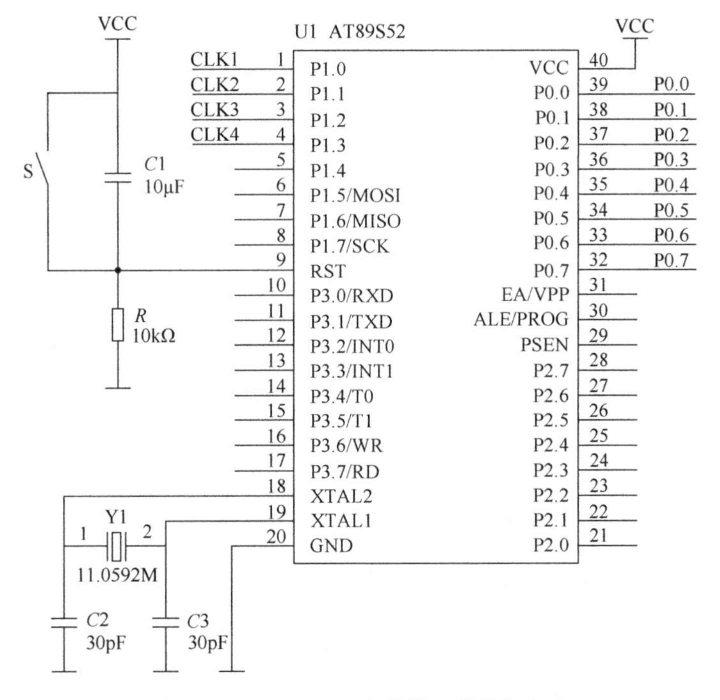

图 4-9　16×16LED 点阵显示单片机电路

（4）问题讨论

1）从外观上能否区分点阵模块是单色的还是双色的？8×8双色LED点阵模块共有几条引脚线？

2）“大”字用16×16显示屏显示，其字模数据是多少？

3）用单片机控制LED显示屏显示字符时有行扫描和列扫描两种，它们有什么区别？

4.3.5 P10室外双色LED显示屏单元板的技术参数

P10室外双色LED显示屏单元板的技术参数如表4-4所示。

表4-4 P10室外双色LED显示屏技术参数

名　称	显示屏技术指标
像素管	1. 像素点形状：圆形直径 2. 像素点中心距：10mm 3. 像素晶片构成：红+绿 4. 每平方米像素数量：10000点/m^2
单元板	1. 单元板分辨率：32点×16点 2. 单元板尺寸：320mm×160mm
显示屏整屏	1. 视角：水平140°，垂直90° 2. 屏幕亮度：≥6000cd/m^2 3. 相对温度：-20～+50℃ 4. 相对湿度：10%RH～95%RH 5. 屏幕寿命：≥10万h 6. 散热方式：局部密封式对流散热方式 7. 屏幕重量：（不含支撑结构）<50kg/m^2
供电系统	1. 供电要求：220V±15% 2. 电源保护：具有过流、过压保护等技术 3. 平均功耗：单色800W/m^2 4. 最大功耗：单色1200W/m^2
控制系统	1. 操作系统：DOS/Windows系统 2. 控制软件：专用显示屏控制软件 3. 通信接口：VGA或RS232 4. 控制方式：同步或异步控制 5. 通信距离：≤1200M（双绞线无中继） 6. 驱动方式：恒流驱动
其他参数	1. 最佳可视距离：15～500m 2. 扫描频率：≥480Hz 3. 画面刷新频率：≥360Hz 4. 换帧频率：≥60Hz 5. 系统平均无故障时间：≥5000h 6. 整屏亮度调整级数：软件调节16级可调

4.3.6 P10室外双色LED显示屏的基本构成

P10室外双色LED显示系统如图4-10所示，主要由控制电脑、LED显示屏控制器、LED驱动电路、供电设备、光纤、视频设备、音频设备、LED显示屏安全防护系统及系统软件组成。由主控电脑产生相应的控制信号，并将来自计算机显示卡的显示数据存储到帧存储器中，然后将显示数据传输到LED显示屏控制器，显示数据通过LED显示屏控制器送到各个 LED 恒流驱动电路，在 LED 屏幕上正确地把图像显示出来。P10 室外双色 LED 显示屏可显示各种图形、文字等信息。

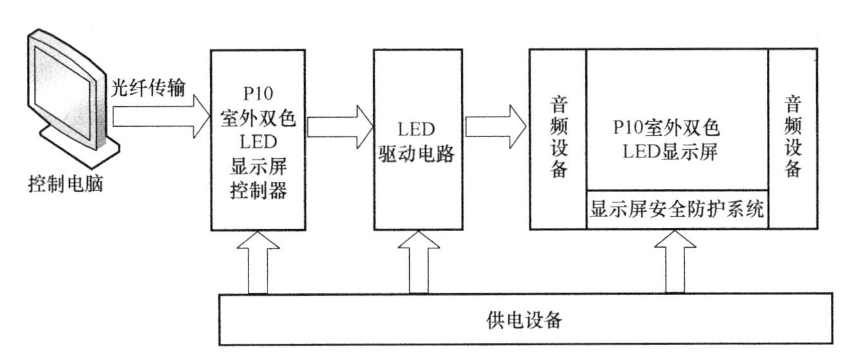

图 4-10　P10 室外双色 LED 显示屏的基本构成

（1）LED 显示屏屏体

P10 室外双色 LED 显示屏屏体由多个显示单元箱体组成。LED 显示屏接收从光纤传输的控制器输出的全数字信号，通过驱动电路，使 LED 点阵面发光显示。显示屏箱体组成有 LED 发光模组、接收卡、开关电源、散热风扇等。

（2）LED 显示屏控制器

LED 显示屏控制器是 P10 室外双色大屏幕处理信息的核心设备。LED 显示屏控制器可以直接接收视频信号或计算机信号，进行信号解码、转换、处理、运算、编码、数字化传输，向 LED 显示屏屏体输出显示信号。在控制器或计算机上直接可以调节 LED 显示屏的亮度等 LED 显示屏参数。

（3）控制电脑

LED 显示屏工作电脑可以向 LED 屏控制器输出电脑信号。运行 LED 显示屏控制软件，LED 显示屏工作电脑通过控制端口可以对显示屏控制器进行 LED 显示屏的各项参数调节和操作。

（4）供电设备

供电设备为 LED 显示屏及相关控制模块的运行提供了充足的电力。供电设备采用交流三相四线制，可以在控制室远程控制供电设备，开关 LED 显示屏。根据具体使用环境，进行具体设计。

（5）视频设备

在显示屏上可以显示视频信息。视频信息的输入通过视频设备，如电视机、VCD 机、DVD 机、录像机、摄像机等。

（6）音频设备

显示屏连接功放、音箱后，可播放音乐，也可和屏体同步播放新闻、广告等信息，实现声像同步，使屏体的显示更具有感染力、更具有轰动效应。

（7）系统软件

系统软件包括控制软件和播放软件。控制软件可以通过计算机的 RS232 口与 LED 显示屏主控制器进行连接，通过控制软件进行 LED 显示屏参数的调节；播放软件播放显示各种计算机文字、表格、图形、图像和二、三维计算机动画等计算机信息。

（8）LED 显示屏安全防护系统

1）防静电设计。静电即相对静止不动的电荷，通常指因不同物体之间相互摩擦而产生的在物体表面所带的正负电荷。静电放电即指具有不同静电电位的物体由于直接接触或静电感应所引起的物体之间静电电荷的转移。通常指在静电场的能量达到一定程度之后，击穿其间介质而进行放电的现象。为防静电的发生，我们可以采取：采用防静电地板/地垫；安装离子风机和其他保护设备；使用接地工具和设备；在防静电区域设警示标志。

2）电磁屏蔽。对于 LED 电子显示屏，其本身已具有很好的电磁屏蔽作用。然而，通过电源线，电网上的干扰可以传入设备，干扰设备的正常工作。同样，设备的干扰也可以通过电源线传导电网上，对网上其他设备造成干扰。为了防止这两种情况的发生，我们将在设备的电源入口处安装一个低通滤波器，这个滤波器只容许设备的工作频率（50Hz）通过，而对较高频率的干扰产生很大的损耗，从而起到了很好的屏蔽保护作用。

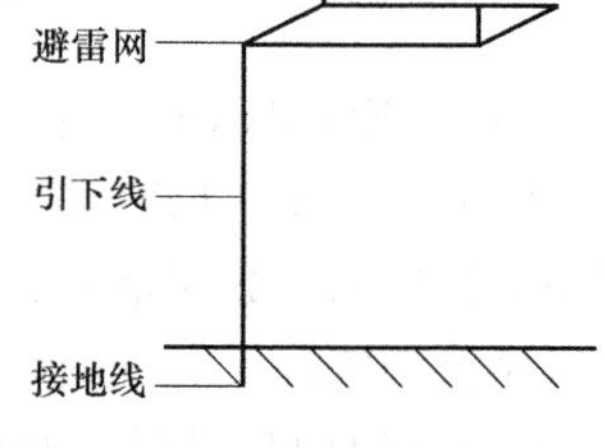

图 4-11　接地系统图

3）接地系统。接地系统如图 4-11 所示，分为以下几种形式。

直流地接大地：把数字电路等位地与大地相接，它克服了直流地悬浮带来的问题，特别是在 LED 显示屏系统中有大量的静电荷积沉，还有人体静电都会影响设备的运行，所以采用直流地接大地后，为静电荷找到了通路。

安全保护地：LED 显示屏系统中的安全保护地是将所有显示单元的固定柱，通过安装骨架联接起来，再用接地母线将其接地或接到配电柜的中线上。

避雷设计：避雷网、避雷针、引下线、接地线。

（9）散热设计

散热是确保电子屏长期稳定工作的重要设计项目。散热，即把屏内因工作产生的热量及时带走，以保持屏内空气温度与器件工作温度处于正常的要求范围。同时它能有效地解决屏内防尘、防湿与防腐等问题。常常采用智能散热系统，此系统可以使屏内较热的空气和外面较冷的空气分别在铝质隔板的两侧快速向上流动，屏内的空气被冷却且与屏外的空气隔离。同时屏内空气的快速循环也使屏体内部的温度分布更加均匀，消除了上热下冷的现象。

4.3.7　P10 室外双色 LED 显示屏的性能指标

（1）刷新频率

图像在屏幕上更新的速度，也即屏幕上的图像每秒出现的次数，它的单位是赫兹（Hz）。刷新频率越高，屏幕上图像闪烁感就越小，稳定性也就越高，换言之对视力的保护也越好。

（2）最大输出电流

目前主流的恒流源 LED 驱动芯片最大输出电流多为每通道 90mA 左右。每通道同时输出恒定电流的最大值对显示屏更有意义，因为在白平衡状态下，要求每通道都同时输出恒流电流。

（3）精确的电流输出

一种是同一个芯片通道间电流误差值；另一种是不同芯片间输出电流误差值。精确的电流输出是个很关键的参数，对LED显示屏的显示均匀性影响很大。误差越大，显示均匀性越差，很难使屏体达到白平衡。目前主流恒流源芯片的位间（bit to bit）电流误差一般在±3%以内，片间（chip to chip）电流误差在±6%以内。

（4）眩光

眩光是指视野中由于不适宜亮度分布，或在空间或时间上存在极端的亮度对比，以致引起视觉不舒适和降低物体可见度的视觉条件。视野内产生人眼无法适应之光亮感觉，可能引起厌恶、不舒服甚或丧失明视度。眩光是引起视觉疲劳的重要原因之一。

4.3.8　P10室外双色LED显示屏控制卡及其功能

P10室外双色LED显示屏控制卡如图4-12所示。

a) 正面

b) 反面

图4-12　P10室外双色LED显示屏控制卡

下面以LED显示屏控制卡EASY-30为例学习P10室外双色LED显示屏控制卡功能。

1）通信方式：RS232串口通信，软件自动查找控制卡，不用手动设置串口。通信稳定，每条指令实时返回是否执行成功。

2）可控点数：板上自带2个08接口、4个12接口。连接常用的Φ3、Φ5，以及P10模组时，可控点数如下：单色为1024×64，2048×32，双色为1024×32，12×64。

3）扫描方式：支持各种常见的1/16、1/8、1/4扫描。

4）存储信息：自带16×16宋体点阵字库，包括一、二级汉字字库。支持简体繁体可以显示万国字符。

5）显示节目

① 文本节目，控制卡自带字库；

② 超文本节目，字体随意修改，字体自动设置，设置字体更容易；

③ 时间节目，显示当前时间；

④ 倒计时节目；

⑤ 图片节目；

⑥ 定时开关。

6）显示效果：可提供16种显示效果，每个动画可叠加不同环绕边框（16种），如左移、右移、上移、下移、从左向右展开、从右到左展开、从上向下展开、立刻显示等。支持对联屏显示；可设置亮度；支持分区（分区大小，任意调节）。

7）电气性能指标：环保设计，可以快递配送；可以定时开关机；额定电压：DC5V；工作温度范围：-10~+60℃。

8）特殊功能：支持485通信；支持RF传输，支持温湿度节目；支持二次开发，支持模组测试功能。

4.3.9 课外信息采集

1）查阅P10室外双色LED显示屏的基本组成，到相关生产安装单位观看其安装调试过程。

2）查阅P10室外双色LED显示屏的基本组成等资料，了解其结构、工作原理及使用方法。

3）查阅P10室外双色LED显示屏的接线方法及其安装注意事项。

4）学生通过参考资料或网络查阅P10户外双色LED显示屏配置及报价表。如表4-5所示。

表4-5 P10户外双色LED显示屏配置及报价表

序号	项目内容	规格（品牌）	单位	数量	单价（万元）	总价（万元）	备注
一、LED电子显示屏屏体费用							
1	P10户外双色LED显示屏		m^2				
小计：				万元			
二、LED电子显示屏配套设备费用							
1	LED控制系统		套				
2	安装+调试		项				
	钢结构装修		项				
小计：				万元			
费用总计：		一+二费用： 万元					
		大写：			小写： 万元		

任务4 硬件选型

4.4.1 P10室外双色LED显示屏单元板及其选型

P10室外双色LED显示屏单元板如图4-13所示。

本项目选择室外双色LED显示屏常用的P10单元板，即选取像素间距为10mm的单元板，像素点由红色和绿色组成。

4.4.2　P10室外双色LED显示屏单元板的主要参数

P10室外双色LED显示屏单元板的像素点、像素间距如图4-14所示，其具体技术指标如表4-6所示。

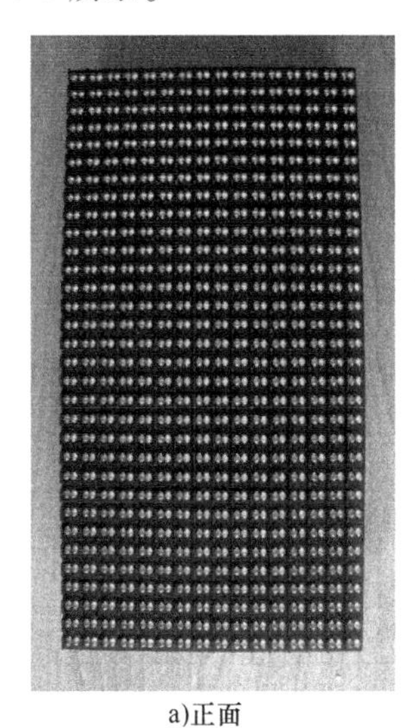

a)正面

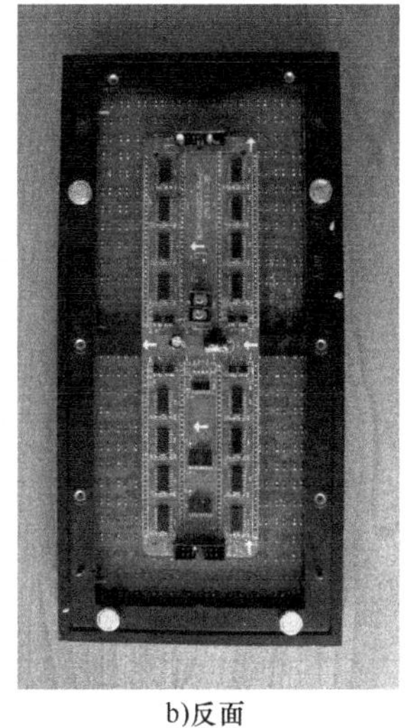

b)反面

图4-13　P10室外双色LED显示屏单元板

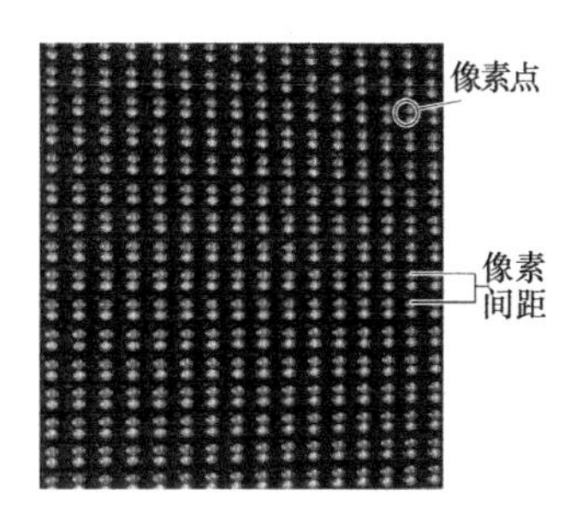

图4-14　P10室外双色LED显示屏单元板

表4-6　P10室外双色LED显示屏单元板技术指标

序　　号	项　　目	技术指标
1	显示颜色	红、绿
2	像素直径	5mm
3	像素间距	10mm
4	单元尺寸（长×宽）	320mm×160mm
5	分辨率	32点×16点
6	亮度	≥4500cd/m²
7	像素构成	1R1G
8	换帧频率	60帧/s
9	最大视角	水平≥110°，垂直≥70°
10	最佳视距	8~40m
11	驱动方式	1/4扫描驱动
12	最大功耗	650W/m²
13	工作电压	5V
14	平均重量	35kg/m²
15	使用寿命	>10万h

4.4.3 P10 室外双色 LED 显示屏控制卡的技术指标

P10 室外双色 LED 显示屏采用 EQ2010-64 型控制卡，EQ2010-64 型控制卡是一种异步户外 LED 显示屏控制卡，内存为 2M 字节、最大控制面积为 34×1024、可任意分区 15 个，支持时钟、时间、温度、湿度、表盘、表格等特效，其具体技术指标见表 4-7。

表 4-7　P10 室外双色 LED 显示屏 EQ2010-64 型控制卡技术指标

<table>
<tr><td rowspan="13">硬件</td><td colspan="2">型号</td><td>EQ2010－64</td></tr>
<tr><td colspan="2">处理器</td><td>DSP 处理器（数字信号处理器）</td></tr>
<tr><td colspan="2">存储容量</td><td>2M 字节</td></tr>
<tr><td colspan="2">显示</td><td>集成显示</td></tr>
<tr><td colspan="2">扫描方式</td><td>支持各种常见的 1/16、1/8、1/4 扫描</td></tr>
<tr><td rowspan="8">通信</td><td>RS232</td><td>通过跳线选择 232</td></tr>
<tr><td>RS485</td><td>通过跳线选择 485（需加 485 转换器）</td></tr>
<tr><td>网络</td><td>不支持</td></tr>
<tr><td>无线</td><td>支持（需加无线通信模块）</td></tr>
<tr><td rowspan="3">通信距离</td><td>RS232 有效通信距离为：120m</td></tr>
<tr><td>RS485 有效通信距离为：1200m</td></tr>
<tr><td>不支持网络传输</td></tr>
<tr><td>通信波特率</td><td>可支持 9600～115200bit/s</td></tr>
<tr><td rowspan="3">软件</td><td colspan="2">操作系统</td><td>支持 Windows2000、NT、XP 和 Vista</td></tr>
<tr><td colspan="2">二次开发</td><td>支持 VB、VC、Delphi 开发</td></tr>
<tr><td colspan="2">配套软件</td><td>《EQ 一卡通》</td></tr>
<tr><td rowspan="10">产品功能</td><td colspan="2">多节目播放</td><td>最多可同时划分 15 个区域、任意大小、位置、不分主次</td></tr>
<tr><td colspan="2">定时开关机</td><td>支持</td></tr>
<tr><td colspan="2">时间显示</td><td>支持时差，可同时显示 5 组数字时间或模拟时钟</td></tr>
<tr><td colspan="2">动作方式</td><td>33 种动作方式和 34 种清场方式任意搭配</td></tr>
<tr><td colspan="2">亮度调节</td><td>支持 15 级手动或自动亮度调节</td></tr>
<tr><td colspan="2">文件格式</td><td>支持 txt、rtf、doc、xls、avi、jpg、bmp、gif 文件</td></tr>
<tr><td colspan="2">计时</td><td>支持正、倒计时（年、月、日、星期、时、分、秒）</td></tr>
<tr><td colspan="2">温度</td><td>不支持</td></tr>
<tr><td colspan="2">灰度</td><td>不支持</td></tr>
<tr><td colspan="2">同步显示</td><td>不支持</td></tr>
</table>

（续）

产品规格	适用范围	支持单/双色、室内/外
	最大控制点	65536
	横向最大点	1024
	纵向最大点	64
	485 级连	最多支持 254 个
	行序调整	支持 +1、正常、-1
	OE 方向	通过跳线设置正、负
	数据流向（DA）	通过跳线设置正、负
电气性能指标	额定电压	DC 5V
	工作温度范围	-10 ~ +60℃

4.4.4　P10 室外双色 LED 显示屏电源及其选型

1. 电源

P10 室外双色 LED 显示屏选用 S-200-5 型显示屏专用电源，如图 4-15 所示。

图 4-15　S-200-5 型显示屏专用电源

2. 选型

本项目采用 S-200-5 型显示屏专用电源，即直流 5V40A 电源，直流 5V40A 电源的功率是 200W，P10 室外双色 LED 显示屏的 1 个单元板功率约为 38W，所以 1 个直流 5V40A 电源可以带动 5 块 P10 室外双色 LED 显示屏的单元板。

4.4.5　P10 室外双色 LED 显示屏电源的技术指标

本项目选择 4 块 P10 室外双色单元板构成 LED 显示屏，需要配备 1 个直流 5V40A 电源。P10 室外双色 LED 显示屏 S-200-5 型电源具体技术指标如表 4-8 所示。

表 4-8 P10 室外双色 LED 显示屏 S-200-5 型电源技术指标

序 号	项 目	技 术 指 标
1	尺寸	165mm×98mm×38mm
2	重量	0.5kg
3	交流输入电压	220V±15%
4	交流输入频率	47~63Hz
5	输出电压	5V±10%
6	电压调整率（满载）	≤0.5%
7	输出电流	40A
8	功率	200W
9	上升时间	满负载时为 50ms（典型值）
10	保持时间	满负载时为 15ms（典型值）
11	保护功能	过载/过电压/短路保护
12	输出过载保护	110%~150%间歇模式，自动恢复
13	散热方式	空气自然对流冷却
14	工作环境	-20~+85℃、20%RH~95%RH（无结霜）
15	安全标准	符合 GB4943、UL60950-1、EN60950-1
16	EMC 标准	符合 GB9254、EN55022、class A

4.4.6 P10 室外双色 LED 显示屏外框的规格及尺寸

P10 室外双色 LED 显示屏外框如图 4-16 所示。

图 4-16 P10 室外双色 LED 显示屏外框

P10 室外双色 LED 显示屏外框采用 A107 型号型材，即 9cm × 2.5cm，壁厚 0.9mm，配 ABS 角。由于本项目采用 4 块 P10 室外双色单元板组成，所以其型材尺寸为横向长度为 68.8cm，纵向长度为 32cm。

4.4.7　课外信息采集

室外双色 LED 显示屏除 P10 单元板外还可以选择哪些单元板？这些单元板的规格、尺寸、主要参数是什么？

任务5　项目实施

4.5.1　P10 室外双色 LED 显示屏边框制作

工具准备：铝材切割机、电动螺钉旋具。

铝材切割机，用于从完整铝材上按照制作规格切割边框铝材；电动螺钉旋具，用于固定边框及其背板。

材料准备：边框铝材、拐角接头、金属背条、钻尾螺钉。

按规格要求将裁好的铝材边框使用 4 个拐角接头相连接，并用钻尾螺钉固定，而后固定金属背条，增强边框的强度。

制作 4 块单元板组成的 64 × 32 点条屏的边框，请同学们写出具体操作步骤以及使用材料的规格和个数。

制作过程：

1）首先将边框铝材按具体长度要求用铝材切割机裁好。裁出 640mm × 45mm × 90mm 铝材 2 根，作为上下水平边框；325mm × 45mm × 90mm 铝材 2 根，作为左右竖直边框。

2）将拐角接头两端分别插入铝材边框中，使边框初步成形。对应选取 4 个规格为 45mm × 45mm × 90mm 带楔头的拐角接头插入对应水平与竖直方向上的边框中。

3）最后将钻尾螺钉固定在拐角接头盒边框的重叠处。把 16 个钻尾螺钉分为 4 组，每组 4 个，分别用在 4 个拐角接头处，对应一个拐角接头来说，2 个自攻螺钉固定在水平铝材与水平方向楔头的重叠处，内侧与外侧各 1 个，沿竖直方向钻入，另两个自攻螺钉固定在竖直铝材与竖直方向楔头的重叠处，内侧与外侧各一个，沿水平方向钻入，如图 4-17 所示。

图 4-17　钻尾螺钉固定在拐角接头盒边框示意图

4.5.2　P10 室外双色 LED 显示屏组装与调试

目的：认识 P10 室外双色 LED 显示屏，能按照要求组装出条屏并完成条屏的调试。

重点：P10 室外双色 LED 显示屏的组装与调试。

相关知识点：

1）P10 室外双色 LED 显示屏的组装。

2）P10 室外双色 LED 显示屏的调试。

1. P10 室外双色 LED 显示屏组装步骤

1）在已经做好的条屏边框后用钻尾螺钉固定 3 个铁质背条。注意背条放置方向严格竖直，以免使边框受力不均而发生扭曲或变形，2 个钻尾螺钉分别固定在上下水平条屏边框的背部。

2）将 EQ2010-64 控制卡以及 4 块单元板背面组装上螺钉和磁铁并将单元板按正确方向固定在背条上。

3）将条屏电源固定在条屏边框上。

4）正确连接电源线到各个单元板上，连接控制卡与 PC 间数据传输线，控制卡与单元板间数据线以及单元板与单元板间数据线。

5）封装背板。

2. P10 室外双色 LED 显示屏调试步骤

单击文件选项卡中“打开”选项，如图 4-18 所示。

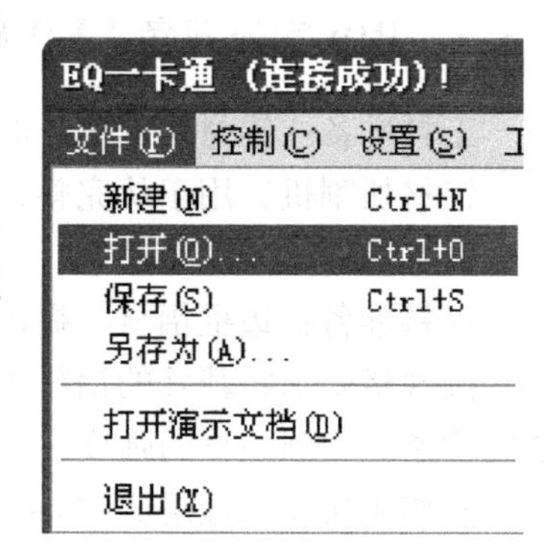

图 4-18　文件选项卡中“打开”

选中对应节目文件（.eq3）文件 测试.eq3 将其打开，单击“发送全部显示屏数据”按键将实例图片发送至显示屏中，若显示正常，LED 显示屏调试完毕。

4.5.3　P10 室外双色 LED 显示屏软件使用

目的：能够对 EQ2010-64 显示控制卡的调试软件 EQ ALL in one 熟练使用，并能按照要求完成对条屏字幕的设计。

重点：EQ ALL in one 调试软件的熟练使用。

相关知识点：

1）显示屏、节目、字幕的创建以及屏参的设置。

2）字幕大小，形式以及效果的设计。

P10 室外单色 LED 显示屏软件使用：

对于 LED 显示屏，操作播放软件主要取决于驱动显示屏的控制卡，本项目选用了 HD-M 卡，以下我们就对该操作播放软件做以介绍。

1）单机软件图标 EQ All in one.exe EQ一卡通 应用程序 上海谐闻电子科技 进入 EQ ALL in one 调试软件窗口界面，如图 4-19 所示。

2）建立节目文件：在节目管理窗口中单击新建节目页。如图 4-20 所示。

图4-19　EQ ALL in one 调试软件窗口界面

节目建立完毕，如图4-21所示。

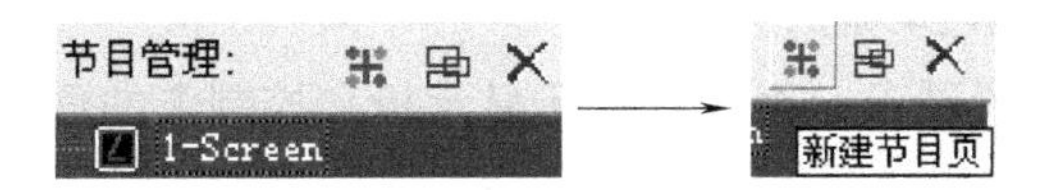

图4-20　新建节目页

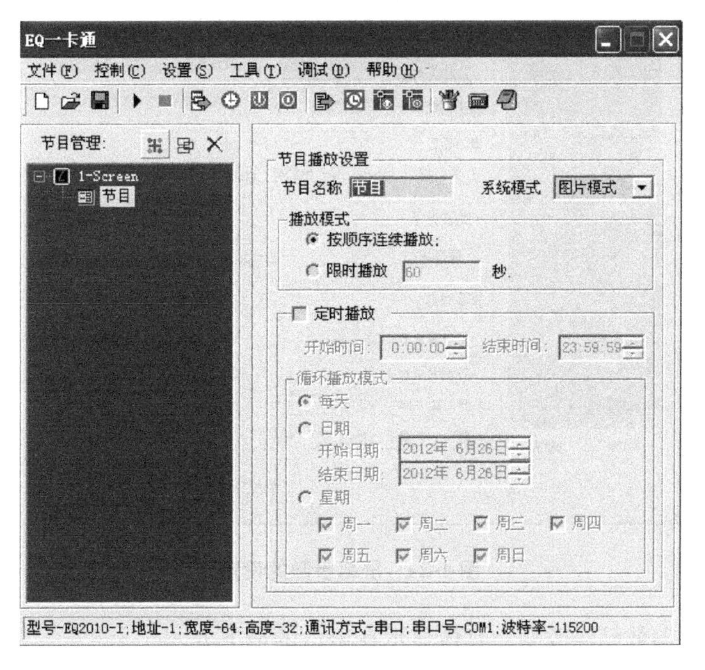

图4-21　建立节目文件

3）屏参设置：单击设置选项卡中“设置屏参”，如图 4-22 所示。

弹出登录密码界面，如图 4-23 所示。

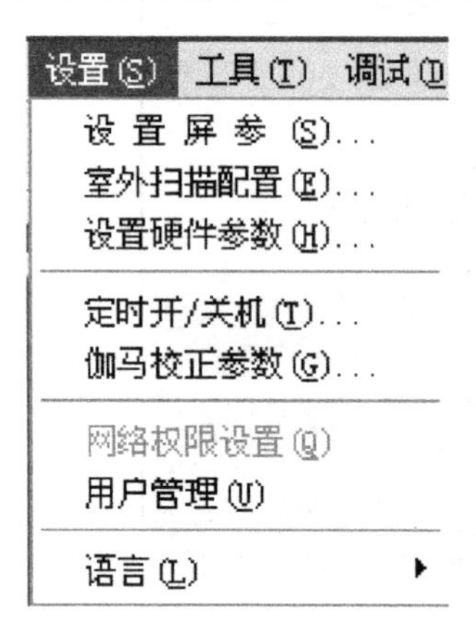

图 4-22　设置屏参

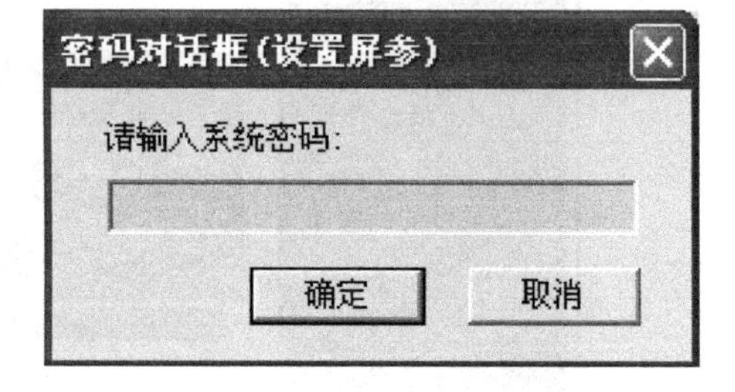

图 4-23　登录密码界面

成功输入密码后，将控制器型号选成“EQ2010-1/2/64”；通讯方式设置为“串行传输”；串口设置栏根据电脑串口连接位置具体设置，屏幕设置栏中横向点数选择 64，纵向点数选择 32，颜色选择 R + G，表示红色管芯加绿色管芯，数据选择反向。而后电机加载设置保存屏参。设置界面如图 4-24 所示。

注：此处一定正确设置屏参，否则有烧坏显示板和控制卡的危险。

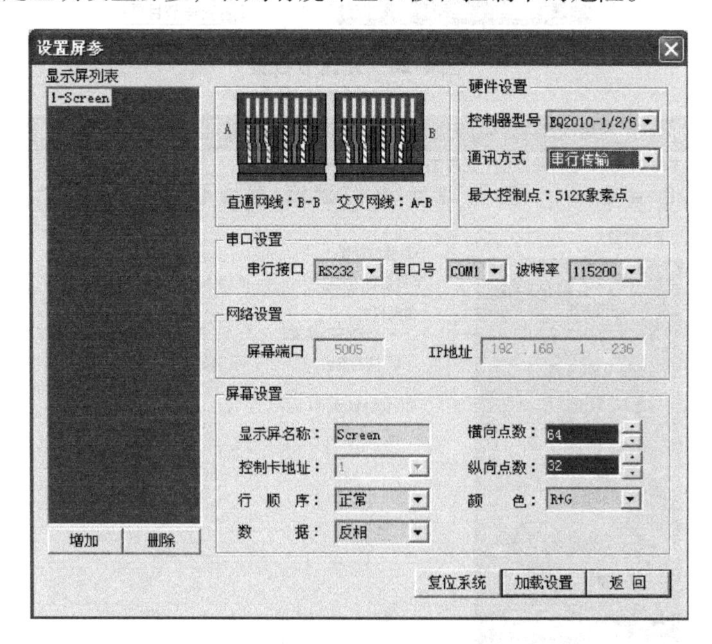

图 4-24　屏幕参数的设置

修改后，屏幕参数已经改变，具体显示在窗口的最下方。

型号-EQ2010-I/II/64;地址-1;宽度-64;高度-32;通讯方式-串口;串口号-COM1;波特率-115200

4）新建节目窗：在节目管理中单击新建节目窗并选择文本，如图 4-25 所示。

此时右侧窗口变为文本编辑窗口，如图 4-26 所示。

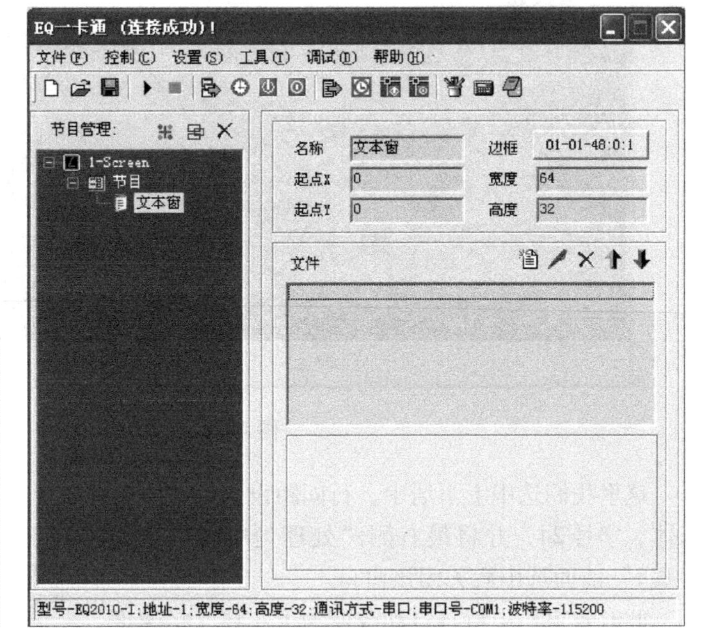

图 4-25　新建节目窗　　　　图 4-26　文本编辑窗口

单击文本编辑窗口中的新建按钮文本，显示如图 4-27 所示。

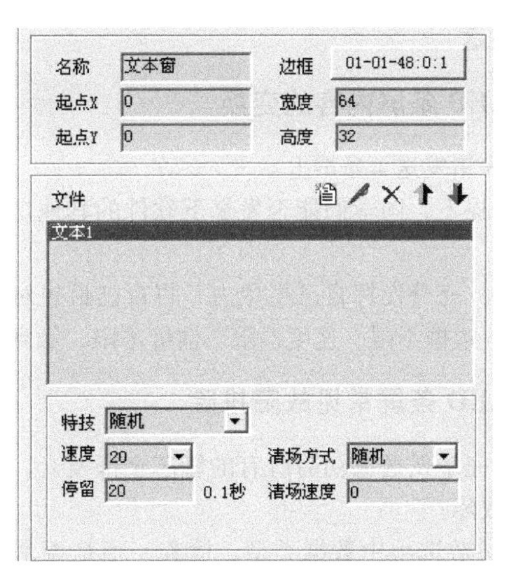

图 4-27　新建文本窗口

双击文本 1 弹出文本编辑窗口，如图 4-28所示。

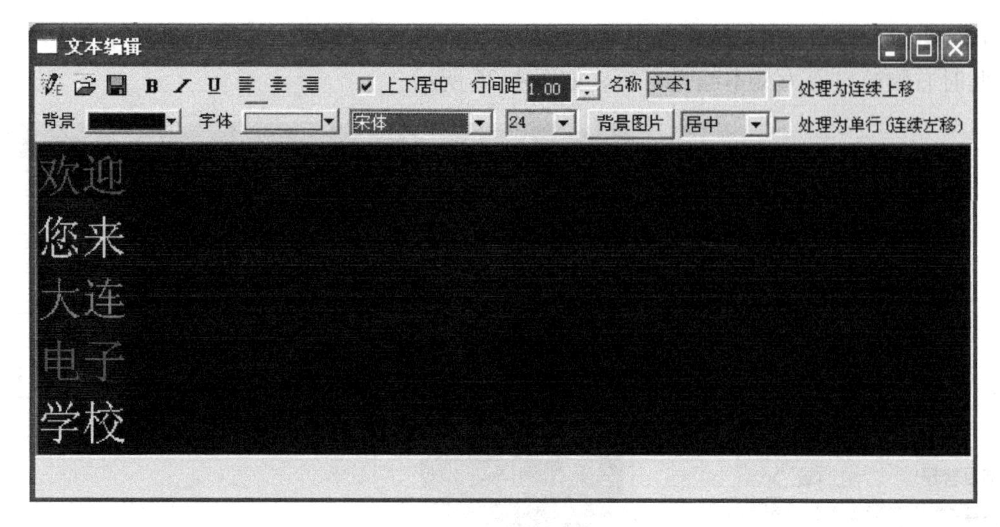

图 4-28 文本编辑窗口

这里我们选中上下居中，行间距设置为 1，背景选择为黑色，字体颜色如图设置，字体宋体，字号 24，并将最右侧“处理为单行（连续左移）”前面选中后关闭该窗口。

此时效果栏中特技自动改变为了左移，将速度设置为 100，停留设置为 0，清场方式选择不清场，清场速度为 0，如图 4-29 所示。

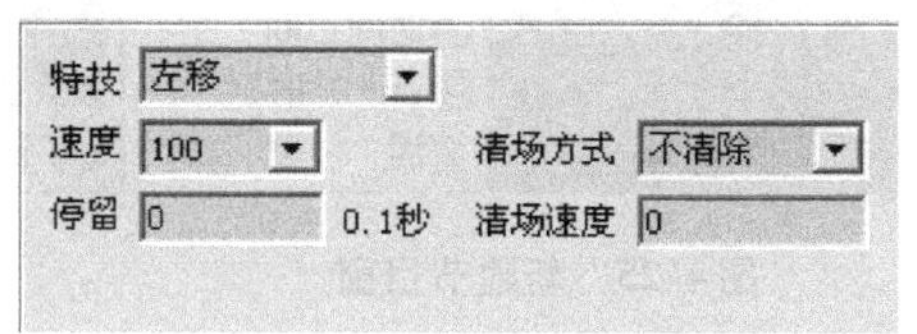

图 4-29 窗口参数的设置

5）发送至屏幕：单击工具条中“发送全部显示屏数据”按键成功发送。

4.5.4 P10 室外双色 LED 条屏内容的变换

1）将一个自制 2×2 表格发送至条屏上。

2）在不调整屏参的前提下，同学们能否发掘下软件的其他功能，将自己制作的字幕加上漂亮的边框。

3）请同学们发散思维，充分发挥自己想象力，将自己最想对同学说的话显示到显示屏上，字体不限、样式不限、边框不限、速度不限、清屏不限，做到与众不同。

4.5.5 P10 室外双色 LED 条屏常见故障排除

1）如果同学们在编辑完毕发送成功后所有的管芯全部发光，只有该显示字的位置有不正确显示，应该怎么排除故障?

查看一下软件中屏幕参数选项中数据类型，检查一下是否是反向数据类型，如果不对应，则在屏参设置中改变其类型保存并重新发送数据。

2）如果同学们在编辑完毕发送成功后发现条屏红色字显示为绿色，黄色字显示正常，绿色字显示为红色，应该如何排除故障?

查看一下软件中屏幕参数选项中颜色选项，检查一下是否为 R+G，如果是 G+R，做以修改、保存并重新发送数据即可。

4.5.6　课外信息采集

在显示屏的屏参设置中，通讯方式是“串行传输”，其选项卡中还可以选择网络传输和 GPRS 传输，这说明 EQ2010-64 显示卡还具备什么功能？这些传输方式的应用更多在我们生活中的什么地方，各自的优势又都在哪里呢？

任务 6　项目验收与考核

4.6.1　知识链接　LED 的重要参数释疑

1）正向工作电流 I_F：它是指发光二极管正常发光时的正向电流值。在实际使用中应根据需要选择 I_F 在 $0.6 \cdot I_{Fm}$ 以下。

2）正向工作电压 V_F：参数表中给出的工作电压是在给定的正向电流下得到的。一般是在 $I_F = 20mA$ 时测得的。发光二极管正向工作电压 V_F 在 1.4~3V。在外界温度升高时，V_F 将下降。

3）V-I 特性：发光二极管的电压与电流的关系，在正向电压正小于某一值（阈值）时，电流极小，不发光。当电压超过某一值后，正向电流随电压迅速增加，发光。

4）发光强度 IV：发光二极管的发光强度通常是指法线（对圆柱形发光管是指其轴线）方向上的发光强度。若在该方向上辐射强度为 1/683W/sr 时，则发光 1 坎德拉（符号为 cd）。

5）LED 的发光角度：$-90° \sim +90°$

6）光谱半宽度 $\Delta\lambda$：它表示发光管的光谱纯度。

7）半值角 $\theta/2$ 和视角：$\theta/2$ 是指发光强度值为轴向强度值一半的方向与发光轴向（法向）的夹角。

8）全形：根据 LED 发光立体角换算出的角度，也叫平面角。

9）视角：指 LED 发光的最大角度，根据视角不同，应用也不同，也叫光强角。

10）半形：法向 0°与最大发光强度值/2 之间的夹角。严格上来说，是最大发光强度值与最大发光强度值/2 所对应的夹角。LED 的封装技术导致最大发光角度并不是法向 0°的光强值，引入偏差角，指得是最大发光强度对应的角度与法向 0°之间的夹角。

11）最大正向直流电流 I_{Fm}：允许加的最大的正向直流电流。超过此值可损坏二极管。

12）最大反向电压 V_{Rm}：所允许加的最大反向电压。超过此值，发光二极管可能被击穿损坏。

13）工作环境 t_{opm}：发光二极管可正常工作的环境温度范围。低于或高于此温度范围，发光二极管将不能正常工作，效率大大降低。

14）允许功耗 P_m：允许加于 LED 两端正向直流电压与流过它的电流之积的最大值。超过此值，LED 发热、损坏。

4.6.2　检查 P10 室外双色 LED 显示屏硬件选型、信号连线

按照表 4-9，完成学生自查和互查，教师指导、评价。

表 4-9　项目检查、验收评价表

评 价 内 容		成 绩 评 定		
项 目 内 容	比例	学生自评 30%	学生互评 30%	教师评价 40%
LED 显示屏单元板的规格选择合适	10%			
LED 显示屏单元板的尺寸选择合适	10%			
LED 显示屏单元板的主要参数选择合适	10%			
LED 显示屏单元板的独立电源选择合适	10%			
LED 显示屏单元板、控制卡、独立电源及其信号连接线正确	30%			
项目实施过程中常见故障的排除	30%			
成绩总评：				

4.6.3　检查 P10 室外双色 LED 显示屏控制卡安装

按照表 4-10，完成学生自查和互查，教师指导、评价。

表 4-10　项目检查、验收评价表

评 价 内 容		成 绩 评 定		
项 目 内 容	比例	学生自评 30%	学生互评 30%	教师评价 40%
LED 显示屏控制卡的型号选择合适	10%			
LED 显示屏控制卡的功能选择合适	10%			
LED 显示屏控制卡的主要参数选择合适	10%			
LED 显示屏控制卡的位置安装合适	10%			
LED 显示屏控制卡信号连接线正确	30%			
项目实施过程中常见故障的排除	30%			
成绩总评：				

4.6.4　检查 P10 室外双色 LED 显示屏字幕显示与变换功能

按照表 4-11，完成学生自查和互查，教师指导、评价。

表 4-11　项目检查、验收评价表

评 价 内 容		成 绩 评 定		
项 目 内 容	比例	学生自评 30%	学生互评 30%	教师评价 40%
LED 显示屏整体结构合理	10%			
LED 显示屏单元板对接正确、美观大方	10%			

（续）

评价内容		成绩评定		
项目内容	比例	学生自评 30%	学生互评 30%	教师评价 40%
LED显示屏边框制做尺寸合适	10%			
LED显示屏独立电源的位置安装合适	10%			
LED显示屏实现字幕显示	30%			
LED显示屏实现字幕显示变换	30%			
成绩总评：				

项目安装完工后，在学生自查和互查，教师指导、评价的基础上，根据如表4-12所示的验收表进行项目验收。

表4-12　项目验收表

<table>
<tr><td colspan="2" rowspan="2">项目验收单</td><td colspan="2">项目名称</td><td>项目承接人</td><td colspan="2">编　　号</td></tr>
<tr><td colspan="2">室外信息显示屏制作</td><td></td><td colspan="2"></td></tr>
<tr><td>验　收　人</td><td></td><td>验收开始时间</td><td></td><td>验收结束时间</td><td colspan="2"></td></tr>
<tr><td colspan="5">验收内容</td><td>是</td><td>否</td></tr>
<tr><td colspan="2" rowspan="6">一、P10室外双色LED显示屏硬件选型、信号连线</td><td colspan="3">1. 会选择LED显示屏单元板的规格</td><td></td><td></td></tr>
<tr><td colspan="3">2. 会选择LED显示屏单元板的尺寸</td><td></td><td></td></tr>
<tr><td colspan="3">3. 会选择LED显示屏单元板的主要参数</td><td></td><td></td></tr>
<tr><td colspan="3">4. 会选择LED显示屏单元板的独立电源</td><td></td><td></td></tr>
<tr><td colspan="3">5. 完成LED显示屏单元板、控制卡、独立电源及其信号连接线</td><td></td><td></td></tr>
<tr><td colspan="3">6. 完成项目实施过程中常见故障的排除</td><td></td><td></td></tr>
<tr><td colspan="2" rowspan="6">二、P10室外双色LED显示屏控制卡安装</td><td colspan="3">1. 会选择LED显示屏控制卡的型号</td><td></td><td></td></tr>
<tr><td colspan="3">2. 会选择LED显示屏控制卡的功能</td><td></td><td></td></tr>
<tr><td colspan="3">3. 会选择LED显示屏控制卡的主要参数</td><td></td><td></td></tr>
<tr><td colspan="3">4. 能正确安装LED显示屏控制卡的位置</td><td></td><td></td></tr>
<tr><td colspan="3">5. 完成LED显示屏控制卡信号连接线</td><td></td><td></td></tr>
<tr><td colspan="3">6. 完成项目实施过程中常见故障的排除</td><td></td><td></td></tr>
<tr><td colspan="2" rowspan="6">三、P10室外双色LED显示屏字幕显示与变换功能</td><td colspan="3">1. 会设计LED显示屏整体结构</td><td></td><td></td></tr>
<tr><td colspan="3">2. 完成LED显示屏单元板正确对接，且美观大方</td><td></td><td></td></tr>
<tr><td colspan="3">3. 完成LED显示屏边框制做，且尺寸合适</td><td></td><td></td></tr>
<tr><td colspan="3">4. 完成LED显示屏独立电源的位置正确安装</td><td></td><td></td></tr>
<tr><td colspan="3">5. LED显示屏实现字幕显示</td><td></td><td></td></tr>
<tr><td colspan="3">6. LED显示屏实现字幕显示变换</td><td></td><td></td></tr>
</table>

（续）

<table>
<tr><td rowspan="2">项目验收单</td><td colspan="2">项 目 名 称</td><td>项目承接人</td><td colspan="2">编　　号</td></tr>
<tr><td colspan="2">室外信息显示屏制作</td><td></td><td colspan="2"></td></tr>
<tr><td>验　收　人</td><td></td><td>验收开始时间</td><td></td><td>验收结束时间</td><td></td></tr>
<tr><td colspan="4">验 收 内 容</td><td>是</td><td>否</td></tr>
<tr><td rowspan="5">四、安全文明操作</td><td colspan="3">1. 必须穿戴劳动防护用品</td><td></td><td></td></tr>
<tr><td colspan="3">2. 遵守劳动纪律，注意培养一丝不苟的敬业精神</td><td></td><td></td></tr>
<tr><td colspan="3">3. 注意安全用电，严格遵守本专业操作规程</td><td></td><td></td></tr>
<tr><td colspan="3">4. 保持工位文明整洁，符合安全文明生产</td><td></td><td></td></tr>
<tr><td colspan="3">5. 工具仪表摆放规范整齐，仪表完好无损</td><td></td><td></td></tr>
<tr><td>五、实施项目过程简述</td><td colspan="3"></td><td></td><td></td></tr>
<tr><td>六、项目展示说明</td><td colspan="3"></td><td></td><td></td></tr>
<tr><td>项目承接人签名</td><td></td><td>检查人签名</td><td></td><td>教师签名</td><td></td></tr>
</table>

4.6.5　知识拓展　企业的培训方案

P10 室外双色 LED 广泛用于户外大型显示屏，对施工人员的安装技能要求高，入职前的培训必不可少。培训的目的是训练系统操作员，通过训练后使他们能够熟练的操作系统，并能处理一些基本故障。培训过程主要分为：基础培训、现场培训、操作设施培训和培训效果考核。

（1）基础培训

① 计算机基础知识：操作系统；系统基本原理；系统操作程序及管理；系统软件操作；各种相关设备的技术条件、使用、操作。

② LED 显示屏基本工作原理。

③ 屏幕节目制作及播放软件、监控软件的工作系统的操作程序。

④ 系统的日常维护与安全注意事项。

（2）现场培训

这项培训着重培训操作员对系统的操作与问题的处理，培训的主要内容包括：系统的软件安装；设备在系统中的作用及正确使用方法；设备的检查、调整及测试，常用测量仪表和仪器的使用方法；设备的接地与防雷；显示信息的日常维护；简单的软件故障处理；简单的硬件故障处理；遇故障无法自行处理的应急措施；系统日常维护、保养、管理、使用。

（3）操作设施的培训

① 培训使用的设施包括：计算机、投影仪及显示屏所有设备。

② 培训教材及资料包括：设备及系统说明书、原理图；系统连线图；软件系统说明书；操作维护说明书；产品说明书。

培训地点在施工现场，培训内容随系统安装调试一起进行，要求系统操作员一起参与系统软硬件的安装与调试。

（4）培训效果与考核

考察培训效果将由两方面组成：

① 学员提供培训报告，详细说明培训内容及掌握程度。

② 独立实际操作 LED 显示屏系统及处理故障。

整个技术培训最终目的：保证 LED 显示屏系统安全、正常地运行。

项目 4　考核评价表

学期：　　　　　　　　　　班级：　　　　　　　　　　考核日期：　年　月　日

项目名称			室外多色信息显示屏制作	项目承接人					
考核内容及分值				项目分值	自我评价	小组评价	教师评价	企业评价	综合评价
专业能力 80%	工作准备的质量评估	知识准备	1. 认识 P10 室外双色 LED 显示屏 2. 掌握 P10 室外双色 LED 显示屏的基本组成；并能画出其构成框图 3. 了解 LED 应用举例及其箱体结构 4. 掌握 P10 室外双色 LED 显示屏的技术参数 5. 熟悉 P10 室外双色 LED 显示屏的性能指标 6. 认识 P10 室外双色 LED 显示屏控制卡，并掌握其基本功能和应用 7. 学会查询 P10 室外双色 LED 显示屏的结构、工作原理及接线方法	15					
		工作准备	1. P10 室外双色 LED 显示屏单元板、控制卡、信号线、独立电源、常用工具和仪表的准备数量是否齐全 2. 辅助材料准备的质量和数量是否适用 3. 工作周围环境布置是否合理、安全	5					
	工作过程各个环节的质量评估	硬件选型	1. 认识 P10 室外双色 LED 显示屏单元板 2. 掌握 P10 室外双色 LED 显示屏单元板的主要参数并会选型 3. 认识 P10 室外双色 LED 显示屏控制卡并掌握其主要参数 4. 学会 P10 室外双色 LED 显示屏控制卡的选型 5. 认识 P10 室外双色 LED 显示屏电源并掌握其主要参数 6. 学会 P10 室外双色 LED 显示屏电源的选型 7. 认识 P10 室外双色 LED 显示屏外框 8. 掌握 P10 室外双色 LED 显示屏外框的规格、尺寸 9. 学会制作 P10 室外双色 LED 显示屏外框并完成显示屏的组装	10					

（续）

<table>
<tr><td colspan="3">项 目 名 称</td><td>室外多色信息显示屏制作</td><td colspan="2">项目承接人</td><td colspan="4"></td></tr>
<tr><td colspan="4">考核内容及分值</td><td>项目分值</td><td>自我评价</td><td>小组评价</td><td>教师评价</td><td>企业评价</td><td>综合评价</td></tr>
<tr><td rowspan="3">专业能力 80%</td><td rowspan="2">工作过程各个环节的质量评估</td><td>硬件安装接线</td><td>1. 教师指导，学生完成 P10 室外双色 LED 显示屏边框制做与组装
2. 教师指导，学生完成 P10 室外双色 LED 显示屏单元板、控制卡、电源的组装，完成数据线的连接
3. 教师指导，学生学会 P10 室外双色 LED 显示屏软件的使用
4. 教师指导，学生实现 P10 室外双色 LED 条屏字幕的变换
5. 师生共同完成 P10 室外双色 LED 条屏常见故障排除</td><td>20</td><td></td><td></td><td></td><td></td><td></td></tr>
<tr><td>整机调试与故障排除</td><td>1. 检查 P10 室外双色 LED 显示屏硬件选型、信号连线是否正确
2. 检查 P10 室外双色 LED 显示屏控制卡安装是否正确
3. 联机运行，检查 P10 室外双色 LED 显示屏字幕显示与变换能否实现
4. 运行 P10 室外双色 LED 显示屏，能够查找出常见故障
5. 能够排除 P10 室外双色 LED 显示屏外围器件和接线的常见故障</td><td>20</td><td></td><td></td><td></td><td></td><td></td></tr>
<tr><td>工作成果的质量评估</td><td colspan="2">1. 显示屏组装过程是否合理
2. 显示屏调试过程是否合理、规范
3. 显示屏字幕的变换功能能否实现
4. 环境是否整洁干净
5. 其他物品是否在工作中遭到损坏
6. 显示屏整体效果是否美观</td><td>10</td><td></td><td></td><td></td><td></td><td></td></tr>
<tr><td rowspan="3">综合能力 20%</td><td>信息收集能力</td><td colspan="2">基础理论、收集和处理信息的能力；独立分析和思考问题的能力</td><td>5</td><td></td><td></td><td></td><td></td><td></td></tr>
<tr><td>交流沟通能力</td><td colspan="2">P10 室外双色 LED 显示屏安装、调试总结
显示屏字幕的变换功能应用</td><td>5</td><td></td><td></td><td></td><td></td><td></td></tr>
<tr><td>分析问题能力</td><td colspan="2">能够实现 P10 室外双色 LED 显示屏正常运行；
能够排除 P10 室外双色 LED 显示屏外围器件和接线的常见故障</td><td>5</td><td></td><td></td><td></td><td></td><td></td></tr>
</table>

（续）

项目名称	室外多色信息显示屏制作	项目承接人						
考核内容及分值			项目分值	自我评价	小组评价	教师评价	企业评价	综合评价
综合能力20%	团结协作能力	小组中分工协作、团结合作能力	5					
总　评			100					

承接人签字	小组长签字	教师签字	企业代表签字

项目验收后，即可交付用户。

项目小结

1. P10 室外双色 LED 显示屏的基本组成

基本组成：显示屏控制计算机、数据采集卡、超五类网线、LED 显示屏模组、视频输入端口、系统软件等。

2. P10 室外双色 LED 显示系统的基本构成

基本构成：LED 控制电脑、LED 显示屏控制器、LED 驱动电路、配电设备、光纤、视频外设、音频外设、LED 显示屏安全防护系统及系统软件组成。

3. P10 室外双色 LED 显示屏的性能指标

1）刷新频率；2）最大输出电流；3）精确的电流输出；4）眩光。

4. P10 室外双色 LED 显示屏单元板的选型

本项目选择室外双色 LED 显示屏常用的 P10 单元板，即选取像素间距为 10mm 单元板，像素点由红色和绿色组成。

5. P10 室外双色 LED 显示屏控制卡的选型

EQ2010-64 型控制卡是一种异步户外 LED 显示屏控制卡，内存 2M 字节、最大控制面积 34×1024、可任意分区 15 个，支持时钟、时间、温度、湿度、表盘、表格等特效。

6. LED 显示屏电源的选型

直流 5V40A 电源，直流 5V40A 电源的功率是 200W，P10 室外双色 LED 显示屏的一个单元板功率约为 38W，所以 1 个直流 5V40A 电源可以带动 5 块 P10 室外双色 LED 显示屏的单元板。

项目习题库

1. 指出 P10 室外双色 LED 显示屏的基本组成及其各部分作用。
2. 做出 P10 室外双色 LED 显示屏的组成框图。
3. 通过相关网络查询和各种技术资料、杂志了解 P10 双色 LED 显示屏有哪些应用？
4. P10 室外双色 LED 显示屏技术指标有哪些？

5. 做出 P10 室外双色 LED 显示系统的基本构成框图，并做简要说明。
6. P10 室外双色 LED 显示屏的性能指标有哪些?
7. P10 室外双色 LED 显示屏控制卡功能有哪些?
8. P10 室外双色 LED 显示屏单元板如何选型?
9. P10 室外双色 LED 显示屏单元板技术指标有哪些?
10. P10 室外双色 LED 显示屏控制卡如何选型?
11. LED 显示屏电源如何选型?
12. P10 室外双色 LED 显示屏外框的规格、尺寸如何选择?
13. 简述 P10 室外双色 LED 显示屏组装过程。
14. P10 室外双色 LED 显示屏如何调试?
15. 如何实现 P10 室外单色 LED 条屏内容的变换?
16. 如果同学们在编辑完毕发送成功后所有的管芯全部发光，只有该显示字的位置有不正确显示，应该怎么排除故障?
17. 如果同学们在编辑完毕发送成功后发现条屏红色字显示为绿色，黄色字显示正常，绿色字显示为红色，应该如何排除故障?
18. LED 的重要参数有哪些?

项目 5　室外全彩信息显示屏制作

[知识目标]

1. 掌握 P10 室外全彩 LED 显示屏的分类、基本组成及其构成框图。
2. 了解 P10 室外全彩 LED 显示屏有哪些应用。

[技能目标]

1. 正确选择 LED 显示屏单元板、控制卡、独立电源及其信号连接线。
2. 实现 P10 室外全彩 LED 显示屏组装与调试，并排除常见故障。
3. 利用控制卡实现 P10 室外全彩 LED 条屏字幕的变换。

任务 1　认识室外全彩信息显示屏

P10 室外全彩 LED 显示屏应用举例如图 5-1 所示，分别可以应用到：单片 LED 灯、水立方、LED 护栏、LED 盆景、LED 车灯、LED 夜行鞋、LED 腕表、LED 雨伞等方面。

a) 单片LED灯　b) 水立方　c) LED护栏　d) LED盆景

图 5-1　P10 室外全彩 LED 显示屏应用举例

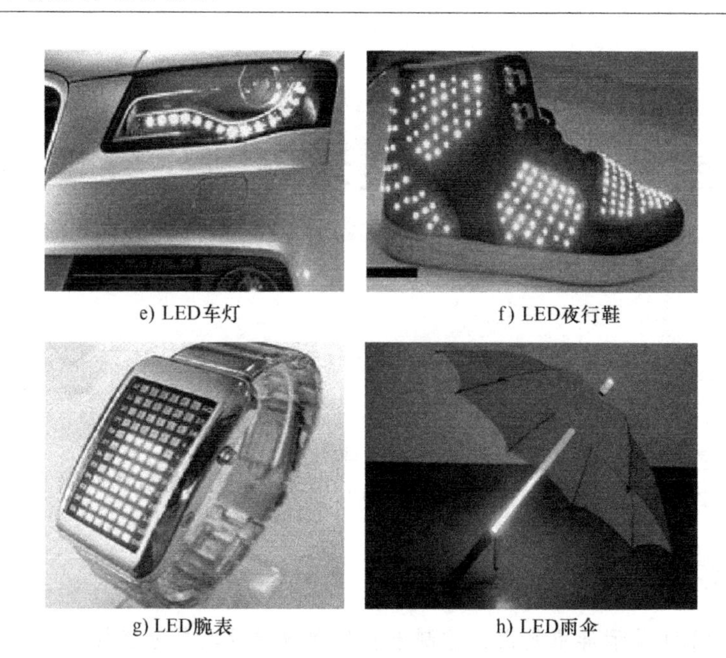

e) LED车灯　f) LED夜行鞋　g) LED腕表　h) LED雨伞

图 5-1　P10 室外全彩 LED 显示屏应用举例（续）

任务 2　项目任务书

5.2.1　P10 室外全彩 LED 显示屏

P10 室外全彩 LED 显示屏外部结构如图 5-2 所示。

a) P10室外全彩LED单元板

b) P10室外全彩LED显示屏

图 5-2　P10 室外全彩 LED 显示屏

c) P10室外全彩LED显示屏正面箱体

d) P10室外全彩LED显示屏背面箱体

图5-2 P10室外全彩LED显示屏（续）

5.2.2 项目任务书

项目任务书如表5-1所示。

表5-1 项目任务书

序 号	内 容
1	掌握P10室外全彩LED显示屏单元板的主要参数，并完成选型
2	掌握P10室外全彩LED显示屏控制卡的主要参数，并完成选型
3	掌握P10室外全彩LED显示屏电源的主要参数，并完成选型
4	学会P10室外全彩LED显示屏外框的规格、尺寸的选择，并会制作
5	熟悉P10室外全彩LED显示屏组装与调试要求
6	完成P10室外全彩LED显示屏组装与调试
7	完成P10室外全彩LED显示屏软件使用
8	实现P10室外全彩LED条屏字幕的变换
9	学会P10室外全彩LED条屏常见故障的检查和排除

任务3 信息收集

5.3.1 P10室外全彩LED显示屏的基本组成

（1）显示屏体

显示屏的控制线路接收来自计算机的信号，通过驱动电路，使LED点阵面发光。显示屏由LED发光器件和控制电路组成，整个显示屏由结构相同的单元板组成，单元板可以互换，这将使得屏体的安装、维护，更为简洁、方便。显示屏的面积可根据客户的要求，由整数个单元板组成。

（2）计算机及其外部设备

在系统中，屏体播放的内容都是由计算机制作、处理，然后通过线路传输给显示屏体的控制系统。计算机外部设备，如扫描仪，可输入各种图片到计算机。

（3）视频外设

在显示屏上可以显示视频信息。视频信息的输入通过视频外设，如电视机、VCD 机、DVD 机、录像机、摄像机等。

（4）音频设备

显示屏连接功放、音箱后，可播放音乐，也可和屏体同步播放新闻、广告等信息，实现声像同步，使屏体的显示更具有感染力、更具有轰动效应。

（5）通信系统

本系统所显示的信息都是在计算机处理后，经过传输线路输送到屏体上的控制电路，然后显示在屏体上。其他计算机外设、视频外设、音频设备等都接入计算机的输入端，这样线路的连接非常清晰，便于安装、使用、维护。

（6）计算机网络

本系统可通过计算机实现远程控制。

5.3.2 P10 室外全彩 LED 显示屏的系统组成

P10 室外全彩 LED 显示屏的系统组成示意图如图 5-3 所示，组成框图如图 5-4 所示。

如图 5-3 所示，显示系统为 DVI 同步显示系统，DVI 接口（Digital Visual Interface）是电脑与数字式平板显示器接口的工业标准。DVI 同步即 DVI 显示器上的内容可完全同步地在大屏上显示，这种结构的显示屏由播出机、控制板、屏体等组成，相互连接的关系如图所示，图中播出机为 1 台电脑，内含 DVI 专用显卡、采集卡。

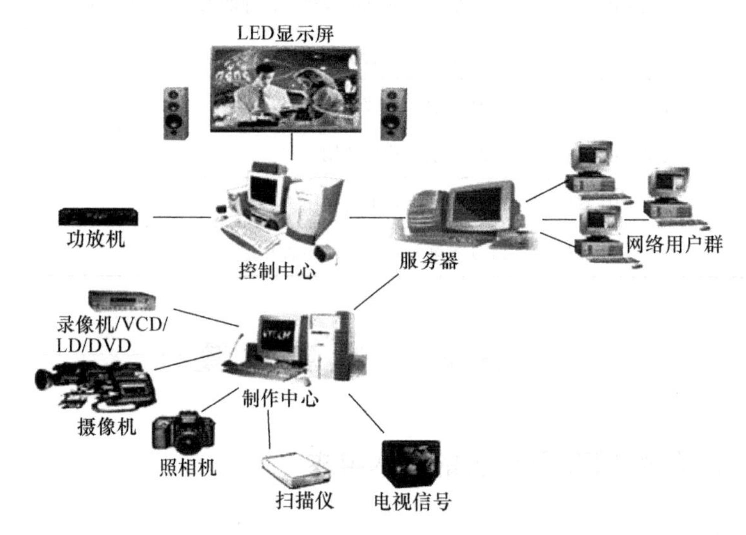

图 5-3　P10 室外全彩 LED 显示屏的系统组成示意图

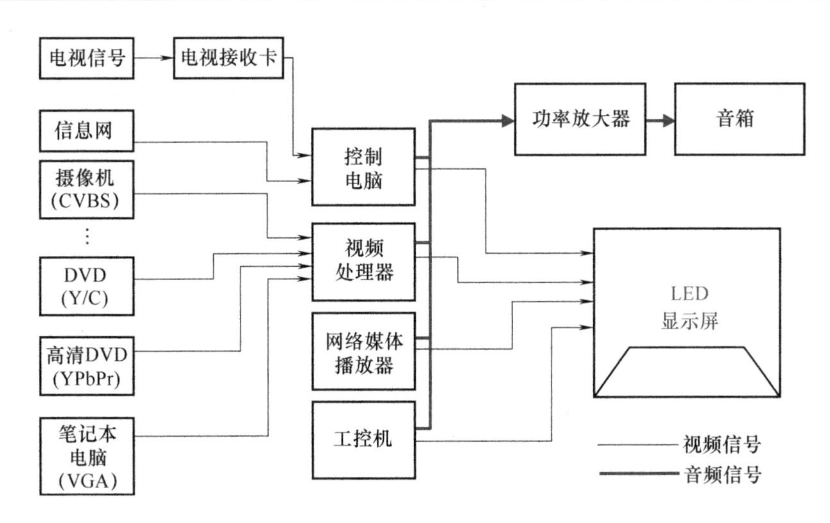

图5-4　P10室外全彩LED显示屏的系统组成框图

播出机一方面负责显示内容的信息收集，并将待显示的内容按LED显示屏要求的特定格式和一定的播出顺序在DVI显示器上显示；另一方面把DVI显示器上显示的画面通过采集卡，向控制板上发送，采集卡是DVI用于显示卡到LED屏之间的接口卡。通过该卡，DVI显示器上的数据，以一定的速率实时向显示屏传送，控制板接收来自采集卡的信号，并将该信息自动分配到LED显示屏的每个单元板，从而完成显示屏所需要的各种信号，使LED显示屏体显现出色彩逼真、动态感强的画面。屏体是LED最终显示单元，它由LED显示模块框架、电源和各种信号连线构成。

5.3.3　P10室外全彩LED显示屏主要参数

P10室外全彩显示屏参数如表5-2所示。

表5-2　P10（1R1G1B，10000点/m²）室外全彩LED显示屏参数

显示屏类型		P10全彩色室外LED视频显示屏
显示屏尺寸（长×高）		（按16:9或者4:3实际面积计算）
单元箱体组成	发光像素数量	1024个
	发光点构成	1R1PG1PB（1纯红1纯绿1纯蓝）
	发光点间距	10mm
	发光点尺寸	10mm×10mm
	单元箱体尺寸	0.16m×0.16m（可根据屏大小定制）
	单元箱体面积	0.1024m²
像素点密度（分辨率）		10000点/m²
盲点率		<1/1000
显示元件		特高亮度像素管
电路器件		全集成、二层布线
灰度等级		16.7兆级
显示颜色		全彩色：1纯红1纯绿1纯蓝

（续）

显示屏类型		P10 全彩色室外 LED 视频显示屏
亮度调节		根据天气情况不同，通过软件 16 级可调
最佳观看距离		10～150m
垂直最佳视角		±30°
水平最佳视角		±60°
支持模式		VGA800×600 或 1024×768
驱动方式		静态扫描
主频		24MHz
画面刷新速度		180 帧/s
平均功耗		全彩 330～440W/m²
工作电压		220V±10%，50Hz±10%
工作温度		-20～+70℃
相对湿度		10% RH～95% RH
通信距离		≤100m（无中继）
屏体重量		约 30kg/m²
发光点寿命		10 万 h 以上
主控系统	控制主机	P4/3.0GHz/512M/80G/DVI 独立显卡 DVD/2PCI/2COM/17 纯平
	控制方式	与计算机同步显示，点点对应，可直接播放图文信息
	操作系统	WIN98/WINXP/WIN2000 等

5.3.4 P10 室外全彩 LED 显示屏系统功能及其些应用

1. P10 室外全彩 LED 显示屏系统功能

1）可外接扫描仪，扫描输入各种图片、图案（包括手写字体）。

2）可输入视频信号（电视、录像、激光视盘），实时显示动态电视画面，同时可以显示其他图表、动画。

3）可输入计算机信号，实时显示计算机监视器的内容，如计算机处理的各种表格、曲线、图片（股票行情、股票分析、存款利率、外汇牌价）等，同时可以显示北京时间、天气预报，各种新闻、时事，显示方式、停留时间均可以控制。

4）动画显示方式多种多样，如上下、左右、中间展开、活动百叶窗、跑马灯效果等。

5）每幅画面的显示时间可以控制，并能自动切换。

6）可以开窗显示，即对应显示计算机监视器图案的一部分。

7）显示屏的像素与计算机监视器逐点对应，成映射关系，映射位置方便可调。

8）编排的节目可以随时更换，包括节目的内容、播放的顺序、播放的时间长短等，更改的节目可以及时地显示出来。

9）可将控制用计算机作为网络上的一个工作站，从指定的服务器上读取实时数据，在显示屏上显示出来。

2. P10室外全彩LED显示屏应用

通过相关网络查询和各种技术资料、杂志了解P10全彩LED显示屏有哪些应用。

主要应用包括：证券交易、金融信息显示；机场航班动态信息显示；港口、车站旅客引导信息显示；体育场馆信息显示；道路交通信息显示；调度指挥中心信息显示；邮政、电信、商场购物中心等服务领域的业务宣传及信息显示；广告媒体新产品；演出和集会；展览会等。

例如P10全彩LED显示屏信息发布系统，如图5-5所示。

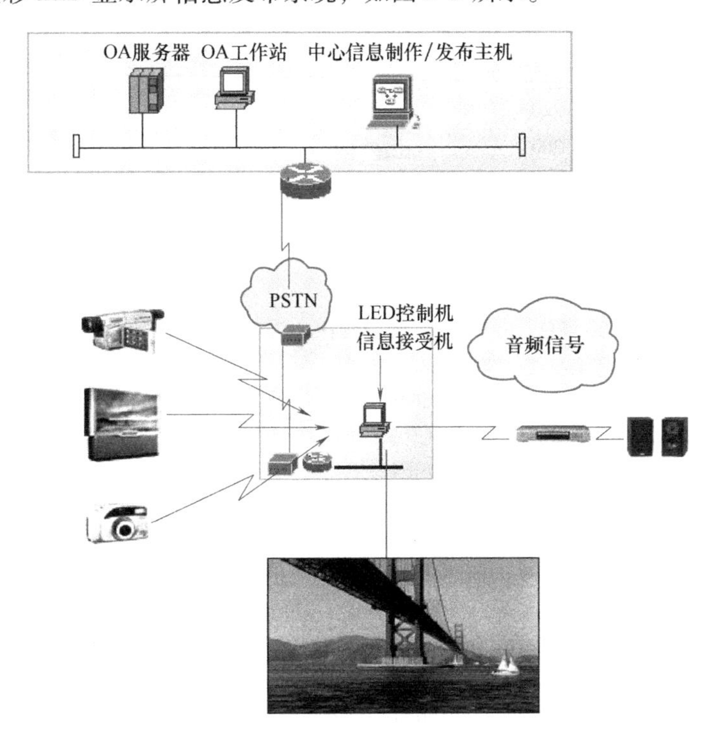

图5-5　P10全彩LED显示屏信息发布系统示意图

5.3.5　P10室外全彩LED显示屏单元板技术参数

P10室外全彩LED显示屏单元板技术参数如表5-3所示。

表5-3　P10室外全彩LED显示屏单元板技术参数

名　称	技术参数
灯管	像素点间距：10mm 基色：红色+绿色+蓝色 发光点颜色组合：1R1G1B 物理密度：10000点/m^2 红色管芯：620~625nm 500mcd 纯绿管芯：520~525nm 1800mcd 纯蓝管芯：465~470nm 600mcd

（续）

名　称	技术参数
单元板	模组尺寸：长 320mm × 高 320mm 模组像素数：1024 点/模组 箱体分辨率：96 点 ×96 点 箱体尺寸：960mm ×960mm
整屏	最佳视距：10 ~ 300m 最佳视角：水平 140°，垂直 70° 环境温度：存储 -40 ~ +85℃，工作 -30 ~ +70℃； 相对湿度：≤90% RH ~95% RH 屏体厚度：≤160cm
供电方式	工作电压：220V ±10% 平均功耗：300W/m^2 最大功耗：600W/m^2
主要技术参数	（1）驱动方式：1/4 恒流扫描 （2）刷新频率：1200Hz （3）帧频：60Hz （4）灰度/颜色：RGB 各 256 级，可显示 167 万颜色 （5）白平衡亮度：7000cd/m^2 （6）颜色值 16.7M；色温 6500K （7）亮度调节方式：软件调节 256 级可调 （8）控制系统采用：DVI 显卡 + 全彩控制卡 （9）平均无故障时间：>10000h （10）寿命：10 万 h （11）平整度：任意相邻像素间 0.1mm，模块拼接间隙 0.1mm （12）均匀性：模块 1% ≤LMJ≤15%，模组 1% ≤LGJ≤15% （13）开关电源负荷：50kW （14）计算机显示模式：1024 ×768/1280 ×1024 （15）有效通信距离：小于 100m（网线传输）；大于 100m（采用光纤）
软件	LED 演播室
控制方式	全彩同步控制
保护技术	模组经自动化灌胶，灯板和驱动板通过机器自动化刷三防胶
播放内容	S-Video、Composite、Video、YUV、RGB、SDI、HDSDI、HDMI、DVI、SXGA 等主流媒体
外围设施	牢固的屏体钢架结构

5.3.6　P10 室外全彩 LED 显示屏的基本构成

P10 室外全彩 LED 显示屏采用优质的原材料和专业的工艺技术，广泛用于广场、大厦等户外场所，适合播放各种广告。此类型 LED 电子显示屏具有：亮度高、防水防晒、性能稳定、画面清晰、色彩鲜艳、立体层次感强、使用寿命长、节能省电等特点。

P10 室外全彩的控制主要有：实像素、虚拟技术和虚拟并逐点校正技术，而通常采用实像素或是实像素加逐点校正，很少用到虚拟控制技术。根据最新 LED 技术和控制理论，全彩显示屏采用了像素的复用方式的控制技术，在显示图像时，比相同点数的实像素显示方式的清晰度提高了 4 倍，性能高。虚拟像素屏只需要对应的实像素的 1/4 面积，就可显示相同效果的图像。P10 室外全彩显示屏的基本构成如图 5-6 所示。

（1）LED 显示屏主体

LED 显示屏屏体由多个显示单元箱体组成。屏体可以根据不同的尺寸要求进行横向和纵向的单元箱体组合而成，且单元板可以互换，这将使得屏体的安装、维护，更为简洁、方便。LED 显示屏接收从光纤传输的控制器输出的全数字信号，通过驱动电路，使 LED 点阵面发光显示。显示屏箱体组成有 LED 发光模组、接收卡、开关电源、散热风扇等。

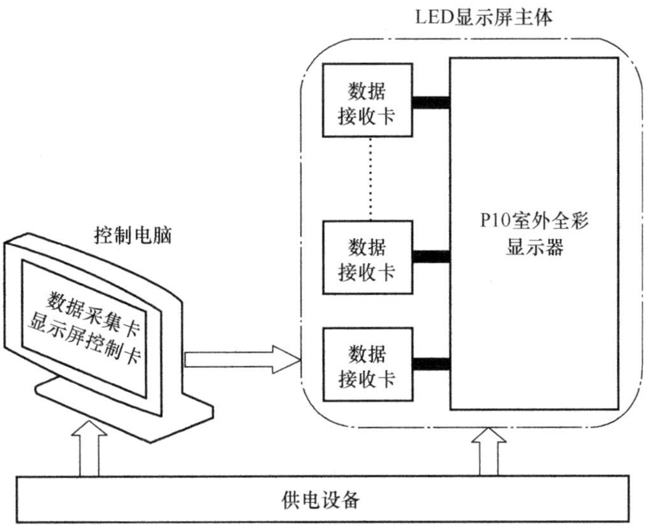

图 5-6 P10 室外全彩显示屏的基本构成

（2）LED 显示屏控制器

LED 显示屏控制器是 LED 大屏幕处理信息的核心设备。LED 显示屏控制器可以直接接收视频信号或计算机信号，进行信号解码、转换、处理、运算、编码、数字化传输，向 LED 显示屏屏体输出显示信号。在控制器或计算机上直接可以调节 LED 显示屏的亮度等 LED 显示屏参数。

（3）控制电脑

LED 显示屏工作计算机可以向 LED 屏控制器输出计算机信号。LED 显示屏显示计算机信号时，LED 显示屏上的像素与 LED 显示屏工作计算机显示器相应区域上的像素一一对应，直接映射。运行 LED 显示屏控制软件，LED 显示屏工作计算机通过控制端口可以对显示屏控制器进行 LED 显示屏的各项参数调节和操作。

（4）供电设备

供电设备为 LED 显示屏的运行提供了充足的电力。供电设备采用交流三相五线制，可以在控制室远程控制供电设备，开关 LED 显示屏。根据具体使用环境，进行具体设计。

（5）系统软件

系统软件包括控制软件和播放软件。控制软件可以通过计算机的 RS232 口与 LED 显示屏主控制器进行连接，通过控制软件进行 LED 显示屏参数的调节；播放软件播放显示各种计算机文字、表格、图形、图像和二、三维计算机动画等计算机信息。

5.3.7 P10 室外全彩显示屏的性能指标

1. 屏体的相关指标

（1）屏幕外壳防护等级

屏幕外壳防护等级应符合《中华人民共和国电子行业标准——S J/T11281-2003》5.1.1.1。

C 级．*FN*≥IP65

（2）平整度

平整度应符合《中华人民共和国电子行业标准——SJ/T11281-2003》5.1.2.1。

C 级. $P \leqslant 0.5$（mm）

（3）像素中心距精度

像素中心距精度应符合《中华人民共和国电子行业标准——SJ/T11281-2003》5.1.2.2。

C 级. $Jx \leqslant 5\%$

（4）水平相对错位

水平相对错位应符合《中华人民共和国电子行业标准——SJ/T11281-2003》5.1.2.3。

C 级. $Cs \leqslant 5\%$

（5）垂直相对错位

垂直相对错位应符合《中华人民共和国电子行业标准——SJ/T11281-2003》5.1.2.4。

C 级. $C \leqslant 5\%$

2. 屏体安全措施达到的相关指标

（1）显示屏接地

LED 显示屏应有保护接地系统，显示屏接地应符合《中华人民共和国电子行业标准——SJ/T11141-2003》5.4.1。

（2）安全标记

LED 显示屏接地端子、熔断器、开关、电源处均应有标记和警告标志，安全标记应符合《中华人民共和国电子行业标准——SJ/T11141-2003》5.4.2。

（3）对地剩余电流

LED 显示屏的对地剩余电流应不超过 3.5mA（交流有效值），应符合《中华人民共和国电子行业标准——SJ/T11141-2003》5.4.3。

（4）抗电强度

抗电强度应符合《中华人民共和国电子行业标准——SJ/T11141-2003》5.4.4。

LED 显示屏显示模组可承受 1500V 50Hz（交流有效值）的实验电压 1min 内不应发生绝缘击穿，或绝缘电阻实验：DC 500V 测试“L、N”与“E”的绝缘电阻≥10MΩ。

（5）防雷装置（如图 5-7 所示）

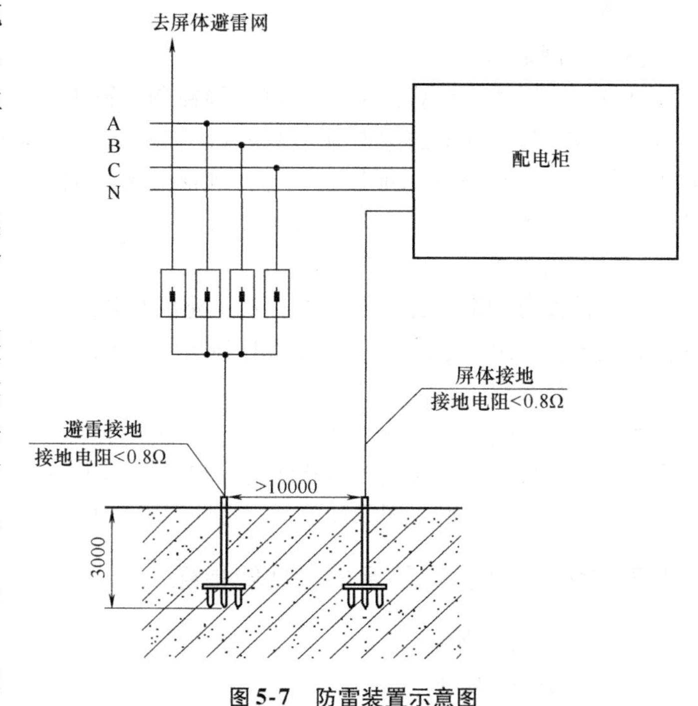

图 5-7 防雷装置示意图

结构防雷：安装有效的金属装置，有效防止直击雷对显示屏的破坏。

信号防雷：安装专用避雷器，有效防止感应雷对显示屏系统的影响。

5.3.8　P10 室外全彩 LED 显示屏控制卡及其功能

P10 室外全彩 LED 显示屏控制卡如图 5-8 所示。

P10 室外全彩 LED 显示屏控制卡的功能：LED 显示屏全彩控制卡，常采用卡莱特 A8 全彩双模控制卡。A8 双模卡既可同步也可异步，智能切换，一卡双模；采用最先进的网络传输技术，双网口自动识别输入输出；高精度逐点校正；单箱体温度监测与智能控制；可选配扩展卡，扩展卡上带温度、亮度、湿度、噪声、烟感、声音、继电器、电压检测、电磁门控制等功能。

a) 正面

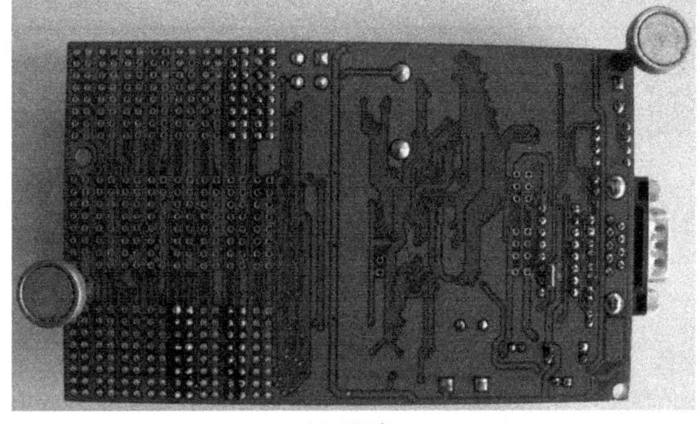

b) 反面

图 5-8　P10 室外全彩 LED 显示屏控制卡

卡莱特 A8 全彩双模控制卡主要功能：

① 双模功能：每张卡自带大容量存储器，同步播放时，具有一键录像功能。此卡既可联机同步使用，也可脱机异步使用。同步使用的时候，如果网络线路中断或者电脑故障，则智能切换到异步模式，保证显示屏播放无中断。

② 网络传输：采用先进的网络传输技术，智能识别输入输出，网口顺序任意交换。

③ 逐点校正：全彩单双色均可使用，全彩单卡支持 65536 像素校正。

④ 温度监测：每张卡自带温度传感器，精确监控每个箱体的温度，并根据设定规则智能调整显示亮度以达到保护显示屏的目的。

⑤ 支持扩展卡：扩展卡上可传输声音，监测温度、亮度、湿度、烟雾、箱体电源电压、噪声等，同时可以控制继电器，风扇、空调、箱体电磁门等，另外可实现客户定制功能。

⑥ 自检模式：15 种自检模式，方便显示屏老化和测试。

⑦ 兼容性：和 T9 无缝兼容，软件硬件操作完全相同。该控制卡对于全彩，单、双色显示屏通用。

⑧ 发送设备：笔记本或者台式电脑要求使用千兆网卡。

5.3.9　P10 室外全彩 LED 显示屏控制卡的分类

（1）接收卡接口

① 单双色室内屏一般是 08 接口，户外一般是 12 接口。

② 全彩屏室内 74 接口比较常见，户外屏 75 接口常见。

（2）接收卡按 LED 屏幕控制可分为同步和异步控制

① 异步控制一般并不需要接收卡，户外用 12 转接板，室内用 08 转接板即可。

② 同步控制接收卡厂家很多但基本都是 74 和 75 接口。

5.3.10 课外信息采集

学生通过参考资料或网络查找 P10 室外全彩 LED 显示屏的结构、工作原理及接线方法。

1）查阅 P10 室外全彩 LED 显示屏的基本组成，到相关生产安装单位观看其安装调试过程。

2）查阅 P10 室外全彩 LED 显示屏的基本组成等资料，了解其结构、工作原理及使用方法。

3）查阅 P10 室外全彩 LED 显示屏的接线方法及其安装注意事项。

5.3.11 知识拓展 P10 室外全彩显示屏配置预算

P10 室外全彩显示屏配置预算表如表 5-4 所示。

表 5-4 P10 室外全彩显示屏配置预算表

序号	货物名称	规格或型号	数量	单价/元	小计/元	备注
屏体部分	室外全彩显示屏	LJ-P10	8.7m²	11000.00	95700.00	
	数据采集发送卡	灵星雨	1 张	2000.00	2000.00	同步控制系统
	数据采集接收卡	灵星雨	15 张	400.00	6000.00	
	LED 专用显卡	灵星雨	1 张	300.00	300.00	带 VGI 输出
	LED 播放软件	LED 演播室 9.0	1 套	——	——	赠送
	合计				104000.00	
	专业用台式电脑		1 台		用户自备	
	音柱		2 台		用户自备	
	功放		1 台		用户自备	
	空调		2 台		用户自备	可用排风扇
	配电箱		1 套		用户自备	
	合计					
屏体结构及布线	屏体框架/钢结构		m²	——	——	另计
	铝塑板		m²	——	——	另计
	工程布线	电源光纤线、通信线，音响线，PVC 管	1 套	——	——	另计
	安装费	脚手架，起吊机，人工费	1 套	——	——	另计
		屏体安装调试				含
	税费					另计
	合计					
总合计						

任务4 硬件选型

5.4.1 P10室外全彩LED显示屏硬件选材、屏体可靠性及先进性要求

1. 硬件选材

(1) 元器件

采用合格元器件，所有元器件按72h高温（70℃）老化筛选。

(2) 容差

元器件降容20%以上；开关电源冗余量30%以上；接口电路允许元器件参数电源电压±5%，电路仍能可靠工作；器件动态特性具有较大冗余，确保系统在元器件特性变化时仍能可靠运行。

(3) 容错

通信协议有各种容错：通信数据不停地刷新，任何偶然错误都可以迅速纠正；软件采用各种容错措施；数据保存采用各种容错措施；程序误操作，实时提示；利用合理性判断，剔除不合法数据。硬件支持热插拔。

(4) 电磁兼容性

电源电路采用标准电脑电源及屏蔽措施，电源噪声滤波器——开关电源——直流稳压电源标准程式；电源、电路的良好电磁屏蔽；大电流信号地、小电流信号地、结构安全地和电源地分开走线的四线制以及尽可能分开模拟地和逻辑地；印制板设计规范，包括元器件排列、走线、滤波等方面的严格规定，用示波器测量每块印制板地线上的噪声干扰，峰值不超过+50mV；板内、板间、机箱间的接口电路具有抗干扰设计；系统现场布线、信号线与交流电源线（动力线）严格分开；良好的地线系统；为了提高系统可靠性，电源采取了降额使用的措施，预留充分余量；对外接口采用平衡电流驱动。

2. 屏体可靠性及先进性要求

(1) 总体要求

整个屏体由完全相同的单元模块组成，可以互换，系统正常工作大于五a，使用寿命大于十a。

(2) 开关电源

采用工业级别知名品牌，电压与电流要求为5V 40A或5V 50A，通过相关的安规认证，电源自带风扇散热。

(3) 户外适应性

产品抗腐蚀——显示屏外露部分有良好的抗腐蚀能力，完全能适应当地的各种户外天气。

产品抗紫外线——显示屏外露部分有良好的抗太阳光紫外线能力，完全能适应当地的各种户外气候。

产品抗冷热膨胀变形——结构设计合理，充分考虑到因冷热膨胀而带来变形从而给显示屏带来危害的因素。

(4) 防水处理

显示屏正面采用进口树脂封灌，封灌厚度达到3mm以上，并且每个单元箱体经过15min的专项检测。

在屏体的背面采用百叶窗开孔，既能通风散热，又能防雨水的飘入。

(5) 防尘处理

显示屏显示的正面采用先进户外防尘积囤处理设计，能有效防止雨水积留蒸发后残留下来的尘埃，积留的雨水在短时间内通过独特的结构流掉。

(6) 防晒

器件的选择：发光管、电源、驱动IC都是能在高温（70℃以上）工作的，防水树脂、胶圈都是防晒、防裂变的。

从散热上考虑，采用散热风扇，采用结构性能佳的散热片，采用热辐度较好的箱体材料，采用符合热对流特性的通风通道。

(7) 防潮

关闭散热通道，使显示屏成为一个相对密封的箱体。另外还要求采用船舶工业防腐蚀的技术加以处理，如图5-9所示。

将金属表面进行喷砂处理，起到除锈作用；在金属表面进行氧化镀锌处理，确保20年不锈腐；在进行了氧化喷锌处理之后，再在表面喷塑处理；最后，再对表面进行防酸树脂涂履处理，更有效地防止了大气侵蚀。

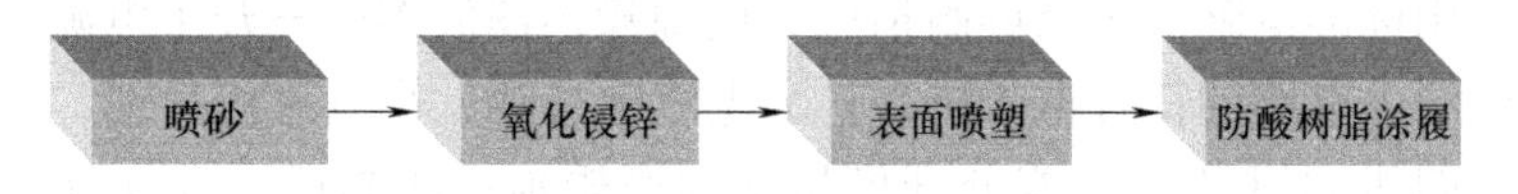

图5-9 防腐蚀的技术处理

(8) 防冻

要求采用防冻的环氧树脂，防冻裂的线路板，板材选用国际知名品牌，能在低温(－20℃)环境下工作的电源。

(9) 防眩处理

显示屏正面的面罩应有防眩、亚黑色处理，有效提高显示屏的对比度和色纯度。

(10) 产品维护

简单方便，成本低；采用背面维修设计，维护方便快捷。

(11) 防雷、抗震、抗风设计

每一个模块箱体串联接地；显示屏信号传输具有防雷设计专用电路；在钢架上加装闪接器网式避雷装置；要求在不影响承重能力的情况下，采用大裕量设计，增强抗震能力。在抗风处理上，采用了专用钢结构设计。

(12) 电力电缆，通信电缆布线设计

电力电缆，通信电缆布线设计要求遵循国家工程安全施工标准，弱电与强电分开布线，做到安全、稳定、高效利用电力能源。

5.4.2 P10室外全彩LED显示屏单元板及其选型

(1) P10室外全彩LED显示屏单元板

P10 室外全彩 LED 显示屏单元板如图 5-10 所示。

a)正面

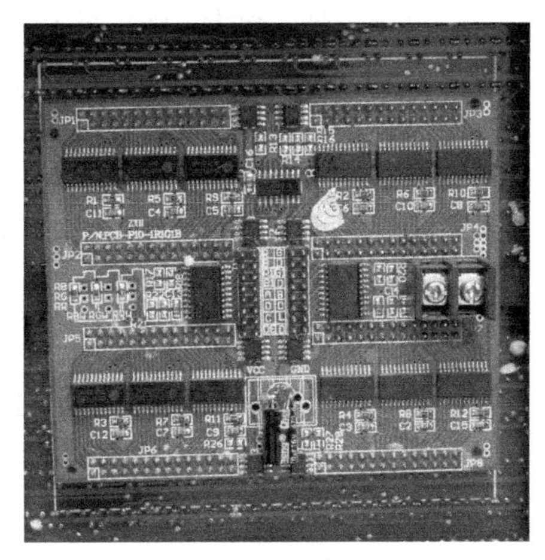
b)反面

图 5-10　P10 室外全彩 LED 显示屏单元板

（2）P10 室外全彩 LED 显示屏单元板的选型：

本项目选择室外全彩 LED 显示屏常用的 P10 单元板，即选取像素间距为 10mm，像素点由红色、绿色和蓝色组成。

5.4.3　P10 室外全彩 LED 显示屏控制卡的技术指标

（1）硬件技术指标

显示屏主控系统：采用内置式 PCI 接口显示主控发送卡，光纤、网线口两者选一。

独立单元控制技术：每个显示单元都设置有独立的控制系统，控制像素点数小于 80×64 点。

控制方式：与计算机及其他视频同步显示。

图像色彩处理应具有：λ 校正技术、降噪、色度空间转换等先进的视频处理技术。

通信要求：通信距离小于 10km，采用不衰减的单模光纤传输技术。采用最新 DVI 接口技术。

视频输入支持：支持多种制式的图像信号同步输入播出。

（2）软件技术功能及指标

配备中文简体 WINDOWS2003/XP 操作系统软件。

显示屏专用播放软件：中文界面，兼容性强，提供多种显示效果并控制显示效果的输出；提供人工录入界面；提供多种消息的编辑、排版和剪接等功能；提供播放节目和播放内容的编排功能；提供对大屏幕显示系统数据库管理与维护的功能；提供对整个系统运行的监视和控制功能。

杀毒软件：1 套诺顿杀毒 2006。

能够实现多种文字多种字体的显示，能够与多种辅助设备相连接。

多种特技显示功能，如：文字显示——对汉字、西文字母、标点、数定、符号等字符，以计算机汉字库组字模式为准，转换成统一的显示标准格式，以实现多种文字多种字体的混合显示。

设备接口：软件应有智能的设备接口功能，能与电视机、录像机、卫星接收机、摄像机、接收机和转换多种音、视频信号进行输出显示。

特技显示：左右移动、上下滚动、左右展开、上下展开、闭和展开、简单动画、立即显示、平滑上卷、文字闪烁、放大、随机显示及淡入淡出等特技功能。

5.4.4 P10 室外全彩 LED 显示屏电源及其选型

（1）电源

P10 室外全彩 LED 显示屏选用 S-200-5 型显示屏专用电源，具体见图 5-11 所示。

图 5-11 S-200-5 型显示屏专用电源

（2）P10 室外全彩 LED 显示屏电源的选型

本项目采用 S-200-5 型显示屏专用电源，即直流 5V40A 电源。直流 5V40A 电源的功率是 200W，P10 室外全彩 LED 显示屏的一个单元板功率约为 38W，所以 1 个直流 5V40A 电源可以带动 4 块 P10 室外全彩 LED 显示屏的单元板。

5.4.5 P10 室外全彩 LED 显示屏电源的技术指标

本项目选择 8 块 P10 室外全彩单元板构成 LED 显示屏，需要配备 2 个直流 5V40A 电源。P10 室外全彩 LED 显示屏 S-200-5 型电源技术指标如表 5-5 所示。

表 5-5 P10 室外全彩 LED 显示屏 S-200-5 型电源技术指标

序号	项目	技术指标
1	尺寸	165mm×98mm×38mm
2	重量	0.5kg
3	交流输入电压	220V±15%
4	交流输入频率	47~63Hz
5	输出电压	5V±10%
6	电压调整率（满载）	≤0.5%
7	输出电流	40A
8	功率	200W
9	上升时间	满负载时为 50ms（典型值）
10	保持时间	满负载时为 15ms（典型值）
11	保护功能	过载/过电压/短路保护

（续）

序　号	项　目	技术指标
12	输出过载保护	110% ~150%间歇模式，自动恢复
13	散热方式	空气自然对流冷却
14	工作环境	-20 ~ +85℃、20% RH ~95% RH（无结霜）
15	安全标准	符合 GB4943、UL60950-1、EN60950-1
16	EMC 标准	符合 GB9254、EN55022、class A

5.4.6　P10 室外全彩 LED 显示屏外框的规格、尺寸

P10 室外全彩 LED 显示屏外框如图 5-12所示。

P10 室外全彩 LED 显示屏外框采用 A107 型号型材，即 9cm × 2.5cm，壁厚 0.9mm，配 ABS 角。由于本项目采用 8 块 P10 室外全彩单元板组成，所以其型材尺寸为横向长度为68.8cm，纵向长度为32cm。

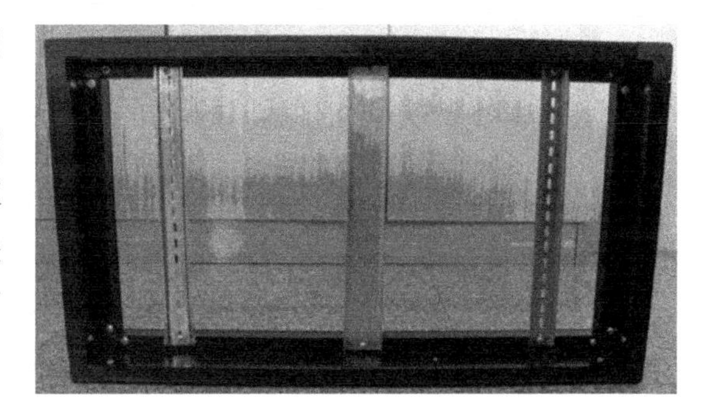

图 5-12　P10 室外全彩 LED 显示屏外框

5.4.7　课外信息采集

全彩 LED 显示屏除 P10 室外单元板外还有哪些单元板？这些单元板的规格、尺寸、主要参数是什么呢？

任务5　项目实施

5.5.1　P10 室外全彩 LED 显示屏边框制作

工具准备：铝材切割机、电动螺钉旋具。

铝材切割机，用于从完整铝材上按照制作规格切割边框铝材；电动螺钉旋具，用于固定边框及其背板。

材料准备：边框铝材、拐角接头、金属背条、钻尾螺钉。

按规格要求裁好的铝材边框使用4个拐角接头相连接，并用钻尾螺钉固定，而后固定金属背条，增强边框的强度。

制作4块单元板组成的64×32 点条屏的边框，请同学们写出具体操作步骤以及使用材料的规格和个数。

制作过程：

1）首先将边框铝材按具体长度要求用铝材切割机裁好。裁出 250mm×35mm×90mm 铝材2根，作为上下水平边框；320mm×35mm×90mm 铝材2根，作为左右竖直边框。

2）将拐角接头两端分别插入铝材边框中，使边框初步成形。对应选取 4 个规格为

35mm×35mm×90mm带楔头的拐角接头插入对应水平与竖直方向上的边框中。

3）最后将钻尾螺钉固定在拐角接头盒边框的重叠处。把16个钻尾螺钉分为4组，每组4个，分别用在4个拐角接头处，对应一个拐角接头来说，2个自攻螺钉固定在水平铝材与水平方向楔头的重叠处，内侧与外侧各一个，沿竖直方向钻入，另两个自攻螺钉固定在竖直铝材与竖直方向楔头的重叠处，内侧与外侧各一个，沿水平方向钻入，如图5-13所示。

5.5.2 P10室外全彩LED显示屏组装与调试

目的：认识P10室外全彩LED显示屏，能按照要求组装出条屏并完成条屏的调试。

重点：条屏的组装与调试。

相关知识点：

1）P10室外全彩LED显示屏的组装。

2）P10室外全彩LED显示屏的调试。

1. P10室外全彩LED显示屏组装步骤

1）在已经做好的条屏边框后用钻尾螺钉固定3个铁质背条。注意背条放置方向严格竖直，以免使边框受力不均而发生扭曲或变形，2个钻尾螺钉分别固定在上下水平条屏边框的背部。

2）将ADM控制卡以及4块单元板背面组装上螺钉和磁铁，并将单元板按正确方向固定在背条上。

3）将2个条屏电源分别固定在条屏边框上。

4）正确连接电源线到各个单元板上，连接控制卡与PC间数据传输线，控制卡与单元板间数据线以及单元板与单元板间数据线。

5）封装背板。

2. P10室外全彩LED显示屏调试步骤

单击文件选项卡中“打开”选项，如图5-14所示。

图5-13 钻尾螺钉固定在拐角接头盒边框示意图

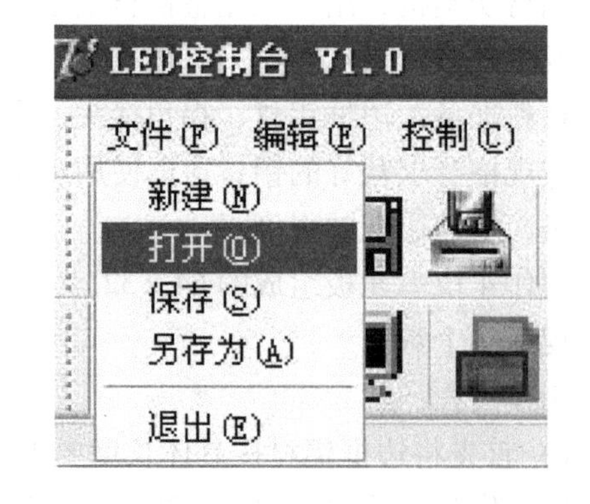

图5-14 单击文件选项卡中“打开”选项

选中对应节目文件（. ybl）文件将其打开，单击“控制”→“发送当前屏幕（D）”，将实例现象发送至显示屏中，若显示正常，LED 显示屏调试完毕。

5. 5. 3　P10 室外全彩 LED 显示屏软件使用

目的：学生能够对 ADM 控制卡的调试软件 LED 控制台 V1. 0 熟练使用，并能按照要求完成对条屏字幕的设计。

重点：LED 控制台 V1. 0 调试软件的熟练使用。

相关知识点：

1）显示屏、节目、字幕的创建以及屏参的设置。

2）字幕大小，形式以及效果的设计。

P10 室外全彩 LED 显示屏软件使用：

对于 LED 显示屏，操作播放软件主要取决于驱动显示屏的控制卡，本项目选用了 ADM 卡，以下我们就对该操作播放软件做以介绍。

1）打开软件：双击软件图标　　　　进入以下窗口界面，如图 5-15 所示。

2）添加屏幕：单击编辑选项卡中“添加屏幕（1）”选项，如图 5-16 所示。

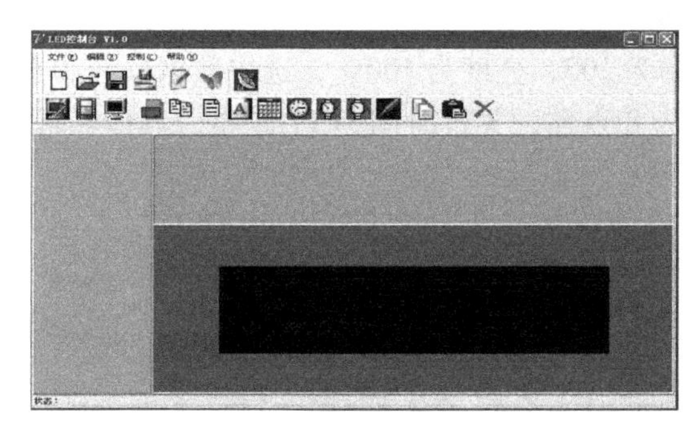

图 5-15　打开软件窗口界面

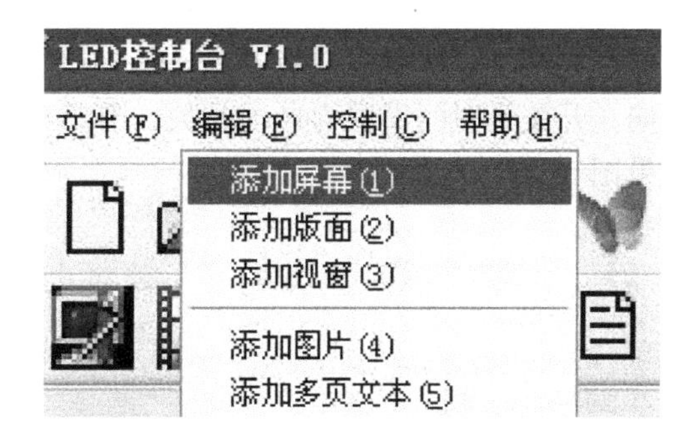

图 5-16　单击编辑选项卡中“添加屏幕（1）”选项窗口

屏幕添加完毕如图 5-17 所示。

3）在高级设置密码中输入：888，页面跳出提示窗口如图 5-18 所示。

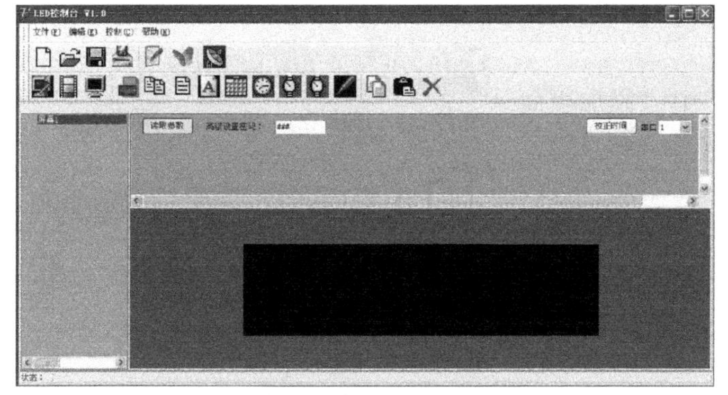

图 5-17　屏幕添加完毕窗口

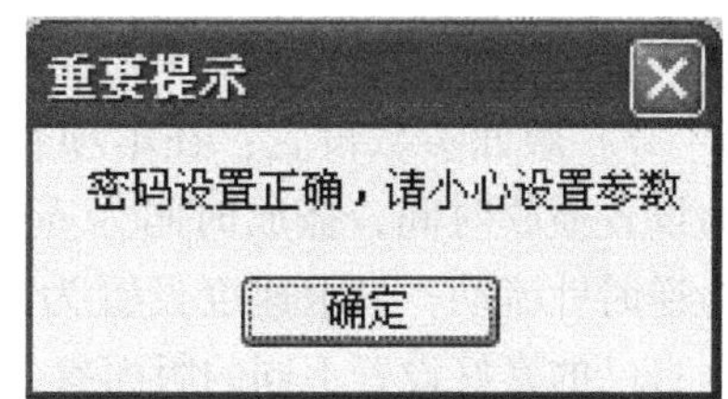

图 5-18　高级设置密码窗口

单击确定，密码设置完毕，如图 5-19 所示。

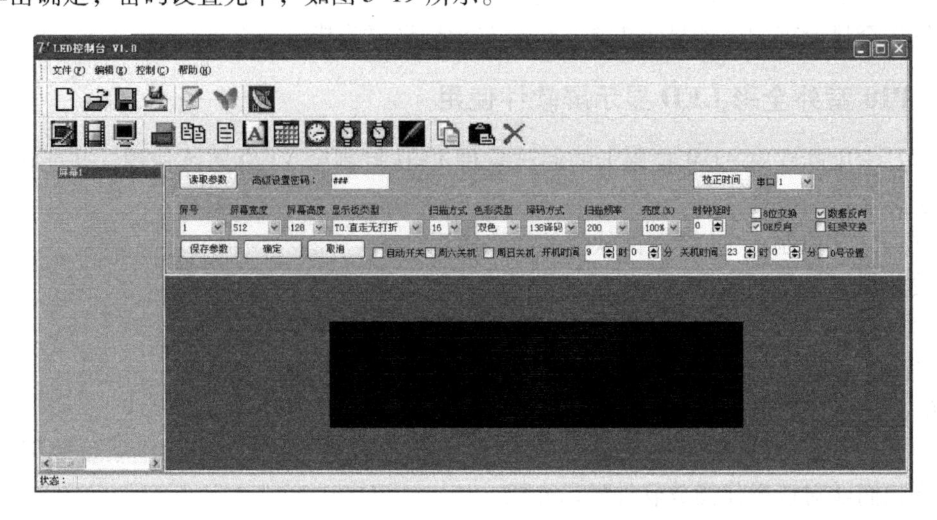

图 5-19　密码设置完毕窗口

4）屏幕参数设置：根据 P10 室外全彩 LED 显示屏的相关参数要求，正确设置屏幕参数。屏幕宽度为 512，屏幕高度为 128，显示板类型为 T0. 直走无打折，扫描方式为 16，色彩类型为全彩，译码方式为 138 译码，扫描频率为 200，亮度为 100%，选中数据反向和 OE 反向，开关机时间设置为自动开关，开机时间为 8 点整，关机时间为 17 点整，具体屏幕参数见图 5-20 所示。

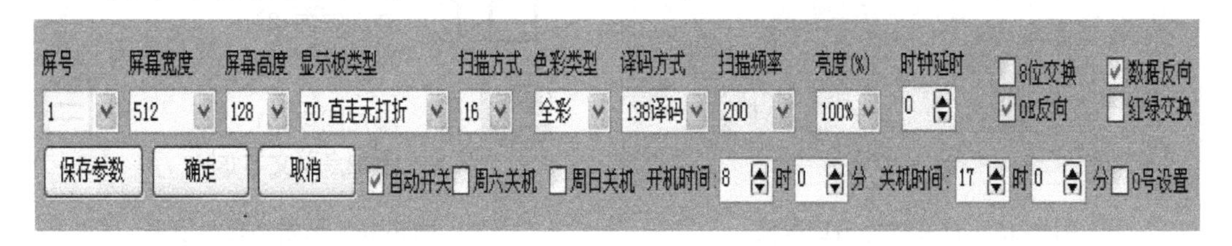

图 5-20　屏幕参数设置

注：此处一定正确设置屏参，否则有烧坏显示板和控制卡的危险！

5）设置好参数后，单击保存参数，如果参数设置正常，会在单元板上出现相应大小的一个边框（大概停留 2s）。

6）添加版面：单击编辑选项卡中“添加版面（2）”选项，如图 5-21 所示。

版面添加完毕，如图 5-22 所示。

7）版面参数设置：在本项目中结束方式设置为设置播放时间，播放时间为 30s；边框样式设置为逆时针流动；显示速度设置为 5；同学们可以根据自己的喜好设置不同的版面参数。

8）添加视窗：单击编辑选项卡中添加视窗（3）选项，如图 5-23 所示。

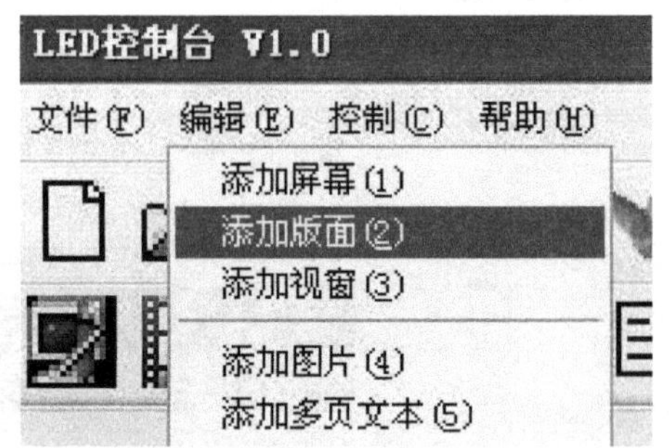

图 5-21　编辑选项卡中“添加版面（2）”选项窗口

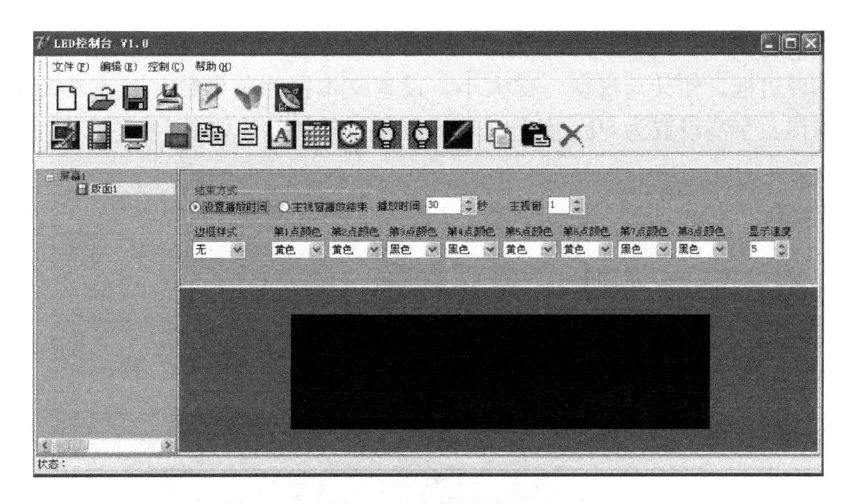

图5-22　版面添加完毕窗口

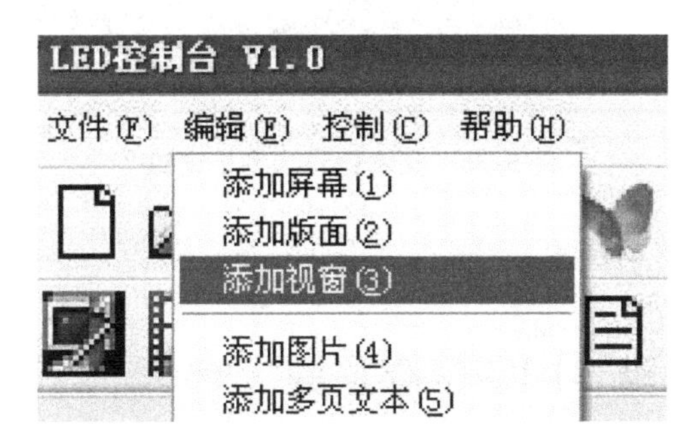

图5-23　编辑选项卡中“添加视窗（3)”选项

视窗添加完毕。如图5-24所示，将视窗参数起点X和起点Y设置为0，视窗宽度W设置为512；视窗高度H设置为128，参数设置完毕。视窗参数可以根据需要设置为不同的参数，也可以用鼠标拖动改变视窗的位置和大小。

9）添加显示信息：单击编辑选项卡中“添加单页组合文本（6)”选项，如图5-25所示。

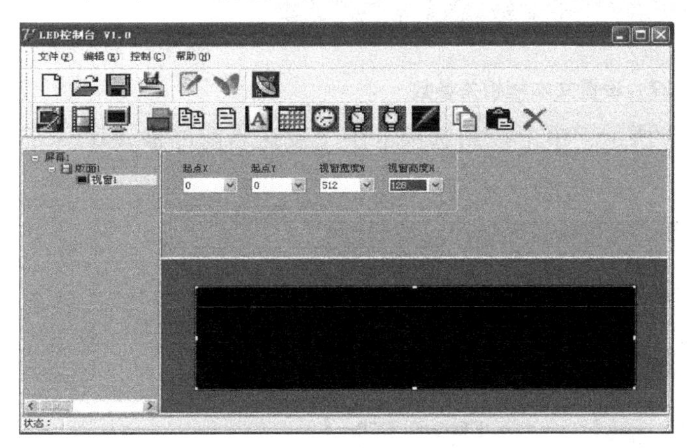

图5-24　视窗参数设置窗口

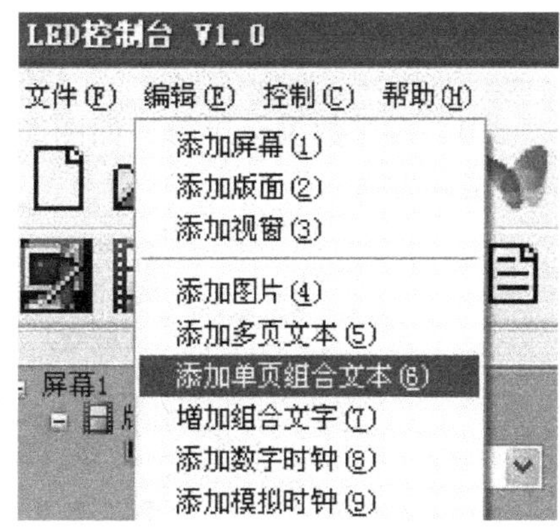

图5-25　编辑选项卡中“添加单页组合文本（6)”选项窗口

文本框添加完毕，如图 5-26 所示。

拉动文本外边框，使其与视窗一样大小。设置文本框相关参数，对齐方式设置为居中，字体设置为宋体，字高设置为 80，颜色设置为红色，具体参数如图 5-27 所示。

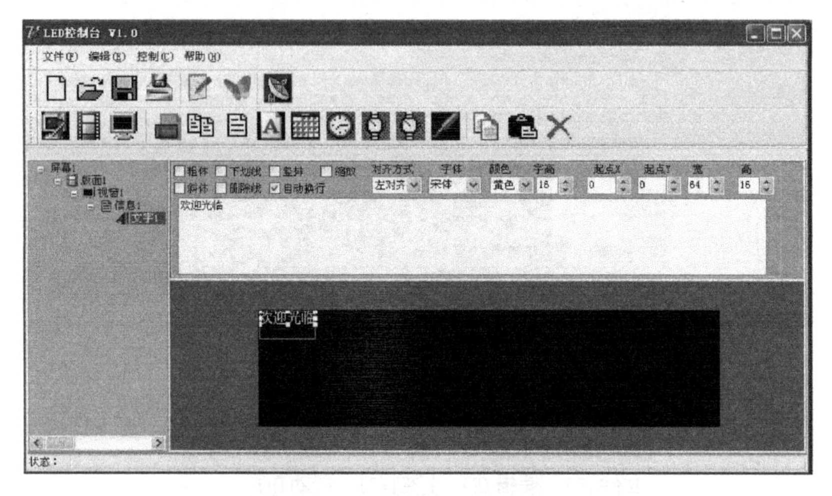

图 5-26　文本框添加完毕窗口

图 5-27　设置文本框相关参数

10）发送数据至屏幕，如图 5-28 所示，单击控制选项卡中“发送当前屏幕（D）”选项，成功发送。

图 5-28　控制选项卡中“发送当前屏幕（D）”选项窗口

5.5.4　P10 室外全彩 LED 条屏内容的变换

1）将一个自己用画图板绘制的图片发送至显示屏上。

2）在不调整屏参的前提下，同学们能否发掘软件的其他功能，将自己制作的图片加上漂亮的边框。

3）请同学们发散思维，充分发挥自己想象力，将自己最想对同学说的话显示到显示屏上，字体不限、样式不限、边框不限、显示速度不限、结束方式不限，做到与众不同。

5.5.5　常见故障排除

请同学们根据自己的实际情况进行故障排除，并完成故障排除总结表 5-6 的填写。

表 5-6　故障排除总结表

故障现象	
故障原因	
故障排除	

5.5.6　课外信息采集

在添加显示信息时，除了可以选择单页组合文本之外，还可以添加图片、组合文字和数字时钟等，这说明我们使用的 ADM 显示卡还具备什么功能？这些应用在我们生活中的什么地方可以见到呢？

任务 6　项目检查与验收

5.6.1　检查 P10 室外全彩 LED 显示屏硬件选型、信号连线

按照表 5-7，完成学生自查和互查，教师指导、评价。

表 5-7　项目检查、验收评价表

评 价 内 容		成 绩 评 定		
项 目 内 容	比例	学生自评 30%	学生互评 30%	教师评价 40%
LED 显示屏单元板的规格选择合适	10%			
LED 显示屏单元板的尺寸选择合适	10%			
LED 显示屏单元板的主要参数选择合适	10%			

（续）

评价内容		成绩评定		
项目内容	比例	学生自评 30%	学生互评 30%	教师评价 40%
LED 显示屏单元板的独立电源选择合适	10%			
LED 显示屏单元板、控制卡、独立电源及其信号连接线正确	30%			
项目实施过程中常见故障的排除	30%			
成绩总评：				

5.6.2 检查 P10 室外全彩 LED 显示屏控制卡安装

按照表 5-8，完成学生自查和互查，教师指导、评价。

表 5-8 项目检查、验收评价表

评价内容		成绩评定		
项目内容	比例	学生自评 30%	学生互评 30%	教师评价 40%
LED 显示屏控制卡的型号选择合适	10%			
LED 显示屏控制卡的功能选择合适	10%			
LED 显示屏控制卡的主要参数选择合适	10%			
LED 显示屏控制卡的位置安装合适	10%			
LED 显示屏控制卡信号连接线正确	30%			
项目实施过程中常见故障的排除	30%			
成绩总评：				

5.6.3 检查 P10 室外全彩 LED 显示屏字幕显示与变换功能

按照表 5-9，完成学生自查和互查，教师指导、评价。

表 5-9 项目检查、验收评价表

评价内容		成绩评定		
项目内容	比例	学生自评 30%	学生互评 30%	教师评价 40%
LED 显示屏整体结构合理	10%			
LED 显示屏单元板对接正确、美观大方	10%			
LED 显示屏边框制做尺寸合适	10%			
LED 显示屏独立电源的位置安装合适	10%			
LED 显示屏实现字幕显示	30%			
LED 显示屏实现字幕显示变换	30%			
成绩总评：				

项目安装完工后，在学生自查和互查，教师指导、评价的基础上，根据如表5-10所示的验收表进行项目验收。

表5-10　项目验收表

<table>
<tr><td colspan="2" rowspan="2">项目验收单</td><td colspan="2">项目名称</td><td>项目承接人</td><td colspan="2">编　　号</td></tr>
<tr><td colspan="2">室外信息显示屏制作</td><td></td><td colspan="2"></td></tr>
<tr><td>验　收　人</td><td></td><td>验收开始时间</td><td></td><td>验收结束时间</td><td colspan="2"></td></tr>
<tr><td colspan="5">验收内容</td><td>是</td><td>否</td></tr>
<tr><td colspan="2" rowspan="6">一、P10室外全彩LED显示屏硬件选型、信号连线</td><td colspan="3">1. 会选择LED显示屏单元板的规格</td><td></td><td></td></tr>
<tr><td colspan="3">2. 会选择LED显示屏单元板的尺寸</td><td></td><td></td></tr>
<tr><td colspan="3">3. 会选择LED显示屏单元板的主要参数</td><td></td><td></td></tr>
<tr><td colspan="3">4. 会选择LED显示屏单元板的独立电源</td><td></td><td></td></tr>
<tr><td colspan="3">5. 完成LED显示屏单元板、控制卡、独立电源及其信号连接线</td><td></td><td></td></tr>
<tr><td colspan="3">6. 完成项目实施过程中常见故障的排除</td><td></td><td></td></tr>
<tr><td colspan="2" rowspan="6">二、P10室外全彩LED显示屏控制卡安装</td><td colspan="3">1. 会选择LED显示屏控制卡的型号</td><td></td><td></td></tr>
<tr><td colspan="3">2. 会选择LED显示屏控制卡的功能</td><td></td><td></td></tr>
<tr><td colspan="3">3. 会选择LED显示屏控制卡的主要参数</td><td></td><td></td></tr>
<tr><td colspan="3">4. 能正确安装LED显示屏控制卡的位置</td><td></td><td></td></tr>
<tr><td colspan="3">5. 完成LED显示屏控制卡信号连接线</td><td></td><td></td></tr>
<tr><td colspan="3">6. 完成项目实施过程中常见故障的排除</td><td></td><td></td></tr>
<tr><td colspan="2" rowspan="6">三、P10室外全彩LED显示屏字幕显示与变换功能</td><td colspan="3">1. 会设计LED显示屏整体结构</td><td></td><td></td></tr>
<tr><td colspan="3">2. 完成LED显示屏单元板正确对接，且美观大方</td><td></td><td></td></tr>
<tr><td colspan="3">3. 完成LED显示屏边框制做，且尺寸合适</td><td></td><td></td></tr>
<tr><td colspan="3">4. 完成LED显示屏独立电源的位置正确安装</td><td></td><td></td></tr>
<tr><td colspan="3">5. LED显示屏实现字幕显示</td><td></td><td></td></tr>
<tr><td colspan="3">6. LED显示屏实现字幕显示变换</td><td></td><td></td></tr>
<tr><td colspan="2" rowspan="5">四、安全文明操作</td><td colspan="3">1. 必须穿戴劳动防护用品</td><td></td><td></td></tr>
<tr><td colspan="3">2. 遵守劳动纪律，注意培养一丝不苟的敬业精神</td><td></td><td></td></tr>
<tr><td colspan="3">3. 注意安全用电，严格遵守本专业操作规程</td><td></td><td></td></tr>
<tr><td colspan="3">4. 保持工位文明整洁，符合安全文明生产</td><td></td><td></td></tr>
<tr><td colspan="3">5. 工具仪表摆放规范整齐，仪表完好无损</td><td></td><td></td></tr>
<tr><td colspan="2">五、实施项目过程简述</td><td colspan="5"></td></tr>
<tr><td colspan="2">六、项目展示说明</td><td colspan="5"></td></tr>
<tr><td colspan="2">项目承接人签名</td><td></td><td>检查人签名</td><td></td><td>教师签名</td><td></td></tr>
</table>

项目5　考核评价表

学期：　　　　　　　　　　　班级：　　　　　　　　　　　考核日期：　年　月　日

项目名称			室外全彩信息显示屏制作	项目承接人					
考核内容及分值				项目分值	自我评价	小组评价	教师评价	企业评价	综合评价
专业能力80%	工作准备的质量评估	知识准备	1. 认识P10室外全彩LED显示屏 2. 了解P10室外全彩LED显示屏的基本组成和系统组成 3. 掌握P10室外全彩LED显示屏主要参数 4. 掌握P10室外全彩LED显示屏单元板技术参数 5. 掌握P10室外全彩LED显示屏的性能指标 6. 了解P10室外全彩LED显示屏控制卡的功能及其分类 7. 学会查询P10室外全彩LED显示屏的结构、工作原理及接线方法	15					
		工作准备	1. P10室外全彩LED显示屏单元板、控制卡、电源、数据线、工具和仪表的准备数量是否齐全 2. P10室外全彩LED显示屏辅助材料准备的质量和数量是否适用 3. 工作周围环境布置是否合理、安全	5					
	工作过程各个环节的质量评估	硬件选型	1. 掌握P10室外全彩LED显示屏硬件选材要求 2. 了解屏体可靠性及先进性要求 3. 认识P10室外全彩LED显示屏单元板并会选型 4. 掌握P10室外全彩LED显示屏单元板的主要参数 5. 认识P10室外全彩LED显示屏电源并会选型 6. 掌握P10室外全彩LED显示屏电源的主要参数 7. 认识P10室外全彩LED显示屏外框，掌握其外框的规格、尺寸	10					
		硬件安装接线	1. 学生能够完成P10室外全彩LED显示屏边框制做 2. 教师指导，学生完成P10室外全彩LED显示屏组装与调试 3. 教师指导，学生学会P10室外全彩LED显示屏软件使用 4. 教师指导，学生实现P10室外全彩LED条屏字幕的变换 5. 教师指导，学生检查P10室外全彩LED显示屏连线是否正确 6. 教师指导，学生检查P10室外全彩LED显示屏控制卡安装是否正确	20					

（续）

<table>
<tr><th colspan="2">项 目 名 称</th><th colspan="2">室外全彩信息显示屏制作</th><th colspan="3">项目承接人</th><th colspan="3"></th></tr>
<tr><th colspan="4">考核内容及分值</th><th>项目分值</th><th>自我评价</th><th>小组评价</th><th>教师评价</th><th>企业评价</th><th>综合评价</th></tr>
<tr><td rowspan="2">专业能力80%</td><td>工作过程各个环节的质量评估</td><td>整机调试与故障排除</td><td>1. 检查P10室外全彩LED显示屏连线是否正确
2. 检查P10室外全彩LED显示屏控制卡安装是否正确
3. 进行联机调试，检查P10室外全彩LED显示屏字幕显示与变换能否实现
4. 能检查P10室外全彩LED显示屏常见故障
5. 能排除P10室外全彩LED显示屏外围器件和接线的常见故障</td><td>20</td><td></td><td></td><td></td><td></td><td></td></tr>
<tr><td>工作成果的质量评估</td><td colspan="2">1. 显示屏组装过程是否合理
2. 显示屏调试过程是否合理、规范
3. 显示屏字幕的变换功能能否实现
4. 环境是否整洁干净
5. 其他物品是否在工作中遭到损坏
6. 显示屏整体效果是否美观</td><td>10</td><td></td><td></td><td></td><td></td><td></td></tr>
<tr><td rowspan="4">综合能力20%</td><td>信息收集能力</td><td colspan="2">基础理论、收集和处理信息的能力；独立分析和思考问题的能力</td><td>5</td><td></td><td></td><td></td><td></td><td></td></tr>
<tr><td>交流沟通能力</td><td colspan="2">P10室外全彩LED显示屏安装、调试总结
显示屏字幕的变换功能应用</td><td>5</td><td></td><td></td><td></td><td></td><td></td></tr>
<tr><td>分析问题能力</td><td colspan="2">能够实现P10室外全彩LED显示屏正常运行
能够排除P10室外全彩LED显示屏外围器件和接线的常见故障</td><td>5</td><td></td><td></td><td></td><td></td><td></td></tr>
<tr><td>团结协作能力</td><td colspan="2">小组中分工协作、团结合作能力</td><td>5</td><td></td><td></td><td></td><td></td><td></td></tr>
<tr><td colspan="4">总　评</td><td>100</td><td></td><td></td><td></td><td></td><td></td></tr>
<tr><td colspan="2">承接人签字</td><td colspan="2">小组长签字</td><td colspan="3">教师签字</td><td colspan="3">企业代表签字</td></tr>
<tr><td colspan="2"></td><td colspan="2"></td><td colspan="3"></td><td colspan="3"></td></tr>
</table>

项目验收后，即可交付用户。

项目小结

1. P10室外全彩LED显示屏系统的基本组成

基本组成：显示屏体、计算机及其外部设备、视频外设、音频设备、通信系统、计算机网络等。

2. P10室外全彩LED显示屏系统功能

1）可外接扫描仪，扫描输入各种图片、图案。

2）可输入视频信号，实时显示动态电视画面。

3）可输入计算机信号，实时显示计算机监视器的内容。

3. P10 室外全彩 LED 显示屏的基本构成

基本构成：LED 显示屏主体、LED 显示屏控制器、控制电脑、配电设备、系统软件等。

4. 显示屏体的相关指标

1）屏幕外壳防护等级；2）平整度；3）像素中心距精度；4）水平相对错位；5）垂直相对错位。

5. P10 室外全彩 LED 显示屏控制卡的功能

双模功能、网络传输、逐点校正、温度监测、支持扩展卡、自检模式、兼容性、发送设备等。

6. 硬件技术指标

显示屏主控系统：采用内置式 PCI 接口显示主控发送卡。

控制方式：与计算机及其他视频同步显示。

图像色彩处理应具有：λ 校正技术、降噪、色度空间转换等先进的视频处理技术。

7. 软件技术功能及指标

能够实现多种文字、多种字体的显示，能够与多种辅助设备相连接。

设备接口：软件应有智能的设备接口功能。

具有特技显示功能。

8. P10 室外全彩 LED 显示屏电源的选型

本项目采用 S-200-5 型显示屏专用电源，即直流 5V40A 电源，1 个直流 5V40A 电源可以带动 4 块 P10 室外全彩 LED 显示屏的单元板。

项目习题库

1. 指出 P10 室外全彩 LED 显示屏系统的基本组成。
2. P10 室外全彩 LED 显示屏系统有哪些功能？
3. 通过相关网络查询和各种技术资料、杂志了解 P10 全彩 LED 显示屏有哪些应用？
4. 指出 P10 室外全彩显示屏的基本构成。
5. 写出显示屏体的相关指标。
6. 写出显示屏体安全措施应达到的相关指标。
7. 试叙述 P10 室外全彩 LED 显示屏控制卡的功能。
8. P10 室外全彩 LED 显示屏控制卡的分类有哪些？
9. P10 室外全彩 LED 显示屏单元板如何选型？
10. P10 室外全彩 LED 显示屏硬件技术指标有哪些？
11. P10 室外全彩 LED 显示屏软件技术功能及指标有哪些？
12. P10 室外全彩 LED 显示屏电源如何选型？
13. P10 室外全彩 LED 显示屏如何调试？
14. 如何实现 P10 室外全彩 LED 条屏内容的变换？

参 考 文 献

[1] 吴友明. LED应用技术［M］. 北京：电子工业出版社，2011.
[2] 陈永秘. LED及电子产品制作［M］. 郑州：河南科学技术出版社，2010.
[3] 王赐然. 大话LED［M］. 北京：中国电力出版社，2011.
[4] 中国光学光电子行业协会发光二极管显示应用分会. 中国LED显示应用产业发展年鉴（2010）［M］. 北京：电子工业出版社，2011.
[5] 沙占友. LED数显仪表设计与应用实例［M］. 北京：中国电力出版社，2011.
[6] 靳桅，等. 基于51系列单片机的LED显示屏开发技术［M］. 2版. 北京：北京航空航天大学出版社，2011.
[7] 孙永林，等. LED屏开发实训教程［M］. 北京：国防工业出版社，2011.